承德国家可持续发展议程创新示范区建设科技专项项目（202202F001）资助

河北省承德市
气象灾害致灾危险性评估报告

承德市气象局　编著

承德国家可持续发展议程创新示范区建设科技专项项目（202202F001）资助

内容简介

本书主要围绕暴雨、冰雹、大风、低温、高温、台风、雪灾、干旱、雷电 9 种气象灾害开展，评估工作依据《气象灾害调查与风险评估技术规范（评估与区划类）》（气普领发〔2021〕4 号）、《气象灾害综合风险普查图件类成果格式要求》（气普领发〔2021〕9 号）、《河北省气象灾害综合风险普查实施细则》（冀气减函〔2021〕12 号）进行。受气候、地理位置、地形等因素的影响，承德市气象灾害具有显著的季节和地域特征，如：兴隆、宽城暴雨洪涝致灾危险性较高；丰宁、隆化冰雹日数较多；丰宁、围场冬春多大风、沙尘；丰宁、隆化和围场秋季多霜冻天气；中南部地区高温和干旱日数较多；丰宁、围场易受雪灾影响等。

图书在版编目（ＣＩＰ）数据

河北省承德市气象灾害致灾危险性评估报告 / 承德市气象局编著. -- 北京 : 气象出版社，2024.4
　ISBN 978-7-5029-8186-0

　Ⅰ．①河… Ⅱ．①承… Ⅲ．①气象灾害－风险评价－研究报告－承德 Ⅳ．①P429

中国国家版本馆CIP数据核字(2024)第082294号

河北省承德市气象灾害致灾危险性评估报告
HEBEI SHENG CHENGDE SHI QIXIANG ZAIHAI ZHIZAI WEIXIANXING PINGGU BAOGAO

出版发行：气象出版社
地　　址：北京市海淀区中关村南大街 46 号　　　　邮政编码：100081
电　　话：010-68407112（总编室）　010-68408042（发行部）
网　　址：http://www.qxcbs.com　　　　E-mail：qxcbs@cma.gov.cn
责任编辑：邵　华　张玥滢　　　　　　　　终　审：张　斌
责任校对：张硕杰　　　　　　　　　　　　责任技编：赵相宁
封面设计：艺点设计
印　　刷：北京建宏印刷有限公司
开　　本：889 mm×1194 mm　1/16　　　　印　张：5.5
字　　数：179 千字
版　　次：2024 年 4 月第 1 版　　　　　　印　次：2024 年 4 月第 1 次印刷
定　　价：48.00 元

编 制 人 员

主　编：彭九慧

指　导：王建恒　艾黎明

编　委：王玉玲　童　俊　陈思雨　盖宇函

　　　　佟　鑫　赵　岩

审　核：彭九慧

CONTENTS 目录

第 1 章

承德市自然地理和气象灾害概况

1.1 地理位置

承德市位于河北省东北部,地处东经 115°54′—119°15′,北纬 40°11′—42°40′,处于华北和东北两个地区的连接过渡地带,北靠辽蒙,南邻京津,东和东南与省内的秦皇岛、唐山两个沿海城市接壤,西与张家口市相邻,距省会石家庄 435 km,距北京 225 km,是连接京津冀辽蒙的重要节点,具有"一市连五省"的独特区位优势。全市辖 3 个市辖区、1 个县级市、4 个县、3 个自治县。市域面积 3.95 万 km²,占全省的五分之一,其中市辖区内面积 708 km²,截至 2021 年末,总人口为 333.63 万人。

1.2 地形与气候

承德市地处东北部燕山腹地,境内高原、山地、丘陵交错,地势落差大,由西北向东南阶梯下降,特殊的地形地貌极易造成各种自然灾害多发。承德市属于温带大陆性季风气候,具有"冬冷夏热,四季分明,光照充足,雨热同季,灾害频繁,昼夜温差大"的特点。夏季炎热潮湿,盛行偏南风;冬季寒冷干燥,盛行偏北风;春季回暖快,干燥少雨;秋季风和日丽,天高气爽。承德市年平均气温的分布是由北向南增高,全市年平均气温 7.9 ℃,极端最高气温 43.3 ℃,极端最低气温−43.3 ℃。降水地域分布差异显著,季节分布不均,年降水量 449～715 mm,降水量随纬度的增高而递减,雾灵山脚下的兴隆县是全市年降水量最多的县,也是全市暴雨多发区之一。

1.3 水系概况

承德市河流众多,境内流域面积 50 km² 及以上河流共 245 条,总长 9692 km,是"四河之源"(滦河、潮河、辽河、大凌河)、"两库上游"(潘家口、密云水库)、"两沙区前沿"(内蒙古科尔沁、浑善达克沙地)和京津"上风头、上水头",境内有滦河、北三河(潮河、白河、蓟运河)、辽河、大凌河 4 个水系。

滦河是境内第一大河流,发源于丰宁满族自治县(简称丰宁县)大滩镇界牌梁,于唐山乐亭县南兜网铺注入渤海,干流全长 888 km,其中承德境内干流 486 km,流域面积 2.86 万 km²,占全市总面积的 72.5%,多年平均水资源总量 27.2 亿 m³,是津唐地区的重要水源地。

北三河包括潮河、白河和蓟运河。潮河干流发源于丰宁县上黄旗哈拉海沟,流经丰宁县城、滦平县汇入密云水库。北三河承德境内总面积 6756 km²,占全市总面积的 17.0%。其中境内潮白河流域面积

$6107\ km^2$,流域多年平均水资源总量 7.09 亿 m^3,是北京的主要水源地。

辽河发源于平泉县和围场满族蒙古族自治县(简称围场县),流经内蒙古赤峰市,于辽宁境内汇入西辽河,承德市境内流域面积 $3718.8\ km^2$,占全市总面积的 9.4%,多年平均水资源总量 3 亿 m^3。

大凌河发源于平泉市东北部的榆树林子和九神庙分水岭,在辽宁境内与小凌河合流后汇入渤海。承德境内干流长 24 km,流域面积 $434.9\ km^2$,占全市总面积的 1.1%,多年平均水资源总量 0.38 亿 m^3。

另外,承德是京、津、唐等大中城市水源区,潘家口水库 93.4% 和密云水库 56.7% 的水来自承德。据统计,滦河流域多年平均汇入潘家口水库 13.97 亿 m^3,汇入大黑汀水库 2.52 亿 m^3,通过引滦工程供给天津和唐山市;潮河流域多年平均汇入密云水库 4.73 亿 m^3,通过京密引水工程供给北京;蓟运河多年平均汇入天津于桥水库 1.03 亿 m^3,是京津冀水源涵养功能区和华北的重要生态屏障。

1.4 气象灾害特征

承德市主要气象灾害有:暴雨、干旱、大风、冰雹、雷电、台风、低温冷冻、高温、雪灾、沙尘等。受地理环境与天气气候影响,以上气象灾害每年都会有不同程度发生,从空间分布看,鹰手营子矿区(简称营子区)、兴隆县大部和宽城县西部以及承德县南部是暴雨天气的多发区;冰雹灾害整体表现为由西北向东南递减的分布趋势,丰宁县大部、围场县北部、隆化县西北部易受冰雹灾害影响;大风灾害分布总体呈现西高东低特征,丰宁县大部、围场县西部、隆化县西部和滦平县西部最易受大风灾害影响;低温灾害由北向南递减,丰宁县、隆化县和围场县受霜冻灾害影响严重;中南部县(市、区)高温日数较多;旱灾西部较东部严重,丰宁县、滦平县、兴隆县、双桥区、双滦区受旱灾频次高且损失大;宽城县和兴隆县多受台风影响;丰宁坝上、围场坝上以及滦平县易受雪灾影响;围场县、双桥区和双滦区夏季多雷电,地闪密度大。

第 2 章

基本方法介绍

2.1　专家打分法

专家打分法也称为德尔菲法(Delphi method),是指通过匿名方式征询有关专家的意见,对专家意见进行统计、处理、分析和归纳,客观地综合多数专家经验与主观判断,对大量难以采用技术方法进行定量分析的因素作出合理估算,经过多轮意见征询、反馈和调整后,来确定各因子的权重系数。该方法确定的权重系数能较好地反映出实际情况下各致灾因子在灾害形成过程中的作用,但存在一定的主观因素。

2.2　层次分析法

层次分析法(Analytic Hierarchy Process,AHP),是将决策问题按总目标、各层子目标、评价准则直至具体的备投方案的顺序分解为不同的层次结构,然后用求解判断矩阵特征向量的办法,求得每一层次的各元素对上一层次某元素的优先权重,最后再用加权求和的方法递阶归并各备择方案对总目标的最终权重,此最终权重最大者即为最优方案。计算步骤如下:

1. 建立层次结构模型

将决策的目标、考虑的因素(决策准则)和决策对象按照它们之间的相互关系分为最高层、中间层和最低层,绘出层次结构图。

最高层:决策的目的、要解决的问题。

最低层:决策时的备选方案。

中间层:考虑的因素、决策的准则。

对相邻的两层,称高层为目标层,低层为因素层。

层次分析法所要解决的问题是关于最低层对最高层相对权重的问题,按此相对权重可以对最低层中的各种方案、措施进行排序,从而在不同的方案中作出选择或形成选择方案的原则。

2. 构造判断(成对比较)矩阵

通过各因素之间的两两比较确定合适的标度。在建立层次结构之后,需要比较因子及下属指标的各个比重,为实现定性向定量转化需要有定量的标度,此过程需要结合专家打分最终得到判断矩阵表格。

设要比较 n 个因素 $y=(y_1,y_2,\cdots,y_n)$ 对目标 z 的影响,从而确定它们在 z 中所占的比重,每次取 2 个因素 y_i 和 y_j,用 a_{ij} 表示 y_i 与 y_j 对 z 的影响程度之比,按 1~9 的比例标度(表 2.1)来度量 a_{ij},n 个被比较的元素构成一个两两比较(成对比较)的判断矩阵 $\boldsymbol{A}=(a_{ij})_{n\times n}$:

$$A = \begin{pmatrix} a_{11} & a_{12} & \cdots & a_{1n} \\ a_{21} & a_{22} & \cdots & a_{2n} \\ \vdots & \vdots & \vdots & \vdots \\ a_{n1} & a_{n2} & \cdots & a_{nn} \end{pmatrix}$$

$$a_{ij} > 0, a_{ji} = \frac{1}{a_{ij}}, a_{ii} = 1 (i, j = 1, 2, \cdots, n) \tag{2.1}$$

表 2.1 比例标度表

标度	定义（比较因素 i 与 j）
1	因素 i 与 j 同样重要
3	因素 i 与 j 稍微重要
5	因素 i 与 j 较强重要
7	因素 i 与 j 强烈重要
9	因素 i 与 j 绝对重要
2,4,6,8	两个相邻判断因素的中间值
倒数	因素 i 与 j 比较得到判断矩阵 a_{ij}，则因素 j 与 i 相比的判断为 $a_{ji} = 1/a_{ij}$

3. 计算权重向量并作一致性检验

判断矩阵 A 对应于最大特征值 $\lambda_{\max}$ 的特征向量 W，经归一化后便得到同一层次相应因素对于上一层次某因素相对重要性的权值。计算判断矩阵最大特征根和对应特征向量，并不需要追求较高的精确度，这是因为判断矩阵本身有相当的误差范围。而且优先排序的数值也是定性概念的表达，故从应用性来考虑也希望使用较为简单的近似算法。

完成单准则下权重向量的计算后，必须进行一致性检验。定义一致性指标为：

$$C_I = \frac{\lambda_{\max} - n}{n - 1} \tag{2.2}$$

$C_I = 0$，有完全的一致性；C_I 接近于 0，有满意的一致性；C_I 越大，不一致越严重。

4. 层次总排序及其一致性检验

计算某一层次所有因素对于最高层相对重要性的权值，称为层次总排序。这一过程是从最高层次到最低层次依次进行的。

2.3 信息熵赋权法

信息熵表示系统的有序程度，在多指标综合评价中，信息熵赋权法（简称熵权法）可以客观反映各评价指标的权重。一个系统的有序程度越高，则熵值越大，权重越小；反之，一个系统的无序程度越高，则熵值越小，权重越大。即对于一个评价指标，指标之间的差距越大，则该指标在综合评价中所起的作用越大；如果某项指标的指标值全部相等，则该指标在综合评价中不起作用。

假设评价体系是由 m 个指标 n 个对象构成的系统，首先计算第 i 项指标下第 j 个对象的指标值 r_{ij} 所占指标比重 P_{ij}：

$$P_{ij} = \frac{r_{ij}}{\sum\limits_{j=1}^{n} r_{ij}} (i = 1, 2, \cdots, m; j = 1, 2, \cdots, n) \tag{2.3}$$

由熵权法计算第 i 个指标的熵值 S_i：

$$S_i = \frac{1}{\ln(n)} \sum_{j=1}^{n} P_{ij} \ln P_{ij} (i = 1, 2, \cdots, m; j = 1, 2, \cdots, n) \tag{2.4}$$

计算第 i 个指标的熵权，确定该指标的客观权重 ω_i：

$$\omega_i = \frac{1 - s_i}{\sum\limits_{i=1}^{m} 1 - s_i} \quad (i = 1, 2, \cdots, m) \tag{2.5}$$

2.4　归一化处理方法

归一化是将有量纲的数值经过变换化为无量纲的数值,进而消除各指标的量纲差异。Max－min 标准化计算公式为:

$$x' = \frac{x - x_{\min}}{x_{\max} - x_{\min}} \tag{2.6}$$

式中,x' 为归一化后的数据,x 为样本数据,$x_{\min}$ 为样本数据中的最小值,$x_{\max}$ 为样本数据中的最大值。

2.5　自然断点法

自然断点法(Jenks natural breaks method)是一种地图分级算法。该算法认为数据本身有断点,可利用数据这一特点进行分级。算法原理是一个小聚类,聚类结束条件是组间方差最大、组内方差最小。计算方法见下式:

$$S_{SD\,i-j} = \sum_{k=1}^{j} A[k]^2 - \frac{\left(\sum\limits_{k=1}^{j} A[k]\right)^2}{j - i + 1} \quad (1 \leqslant i < j \leqslant N) \tag{2.7}$$

式中,S_{SD} 为方差,i、j 指第 i、j 个元素,A 指长度为 N 的数组,k 是 i、j 中间的数,表示 A 数组中的第 k 个元素。

2.6　标准差分类方法

标准差分类方法用于显示要素属性值与平均值之间的差异。标准差分类方法的原理是将使用与标准差成比例的等值范围创建分类间隔,间隔通常为 1 倍、1/2 倍、1/3 倍或 1/4 倍的标准差,并使用平均值以及由平均值得出的标准差。标准差公式是一种数学公式,也被称为标准偏差,或者实验标准差,计算标准差的公式如下式所示:

$$s = \sqrt{\frac{\sum\limits_{i=1}^{n} (x_i - \overline{x})^2}{n - 1}} \tag{2.8}$$

式中,s 为标准差,x_i 表示第 i 个数据,n 表示数据总数。

2.7　百分位数法

百分位数法又称为百分位数,是数据统计中一种常用的方法。具体定义为把一组统计数据按其数值从小到大顺序排列,并按数据个数 100 等分。在第 m 个分界点(称为百分位点)上的数值,称为第 m 个百分位数($m=1,2,\cdots,99$)。在第 m 个分界点到第 m 个分界点之间的数据,称为处于第 m 个百分位数。百分位数计算公式如下:

$$P_m = L + \frac{\left(\frac{m}{100}\right) \times N - F_h}{f} \times i \tag{2.9}$$

或

$$P_m = U + \frac{\left(1 - \frac{m}{100}\right) \times N - F_n}{f} \times i \tag{2.10}$$

式中，P_m 为第 m 个百分位数，N 为总频次，L 为 P_m 所在组的下限，U 为 P_m 所在组的上限，f 为 P_m 所在组的次数，F_h 为小于 L 的累积次数，F_n 为大于 U 的累积次数，i 为组距。

2.8 Pearson 相关系数

Pearson 相关系数是描述两个随机变量线性相关的统计量，一般简称为相关系数或点相关系数，用 r 来表示，也可作为总体相关系数 ρ 的估计。

设有两个变量 $x_1, x_2, \cdots, x_n$ 和 $y_1, y_2, \cdots, y_n$，相关系数计算公式为：

$$r = \frac{\sum\limits_{i=1}^{n}(x_i - \overline{x})(y_i - \overline{y})}{\sqrt{\sum\limits_{i=1}^{n}(x_i - \overline{x})^2}\sqrt{\sum\limits_{i=1}^{n}(y_i - \overline{y})^2}} \tag{2.11}$$

式中，x_i 为变量 x 的第 i 个值，y_i 为变量 y 的第 i 个值，$\overline{x}$ 为变量 x 的样本均值，$\overline{y}$ 为变量 y 的样本均值，n 为样本容量。

在给定显著性水平下，对计算出的相关系数根据相关系数检验表进行显著性检验。

2.9 信息扩散技术

信息扩散技术用于解决样本信息不充分、数据不完备的小样本概率分布估计问题，其基本原理可简单表述为：当我们用一个不完备数据估计一个关系 R 时，一定存在合理的扩散方式可以将观测值变为模糊集，以填充由不完备性造成的部分缺陷，从而改进非扩散估计。

信息扩散技术的计算方法如下。

设样本数为 m 的气象要素指标论域为：

$$U = \{u_1, u_2, \cdots, u_n\} \tag{2.12}$$

按照下式，一个单值观测样本 y_j 可以将其所携带的信息扩散给 U 中的所有点：

$$f_j(u_i) = \frac{1}{h\sqrt{2\pi}} e^{\frac{(y_j - u_i)^2}{2h^2}} \tag{2.13}$$

式中，h 为扩散系数，可根据样本集合中样本的最大值 b、最小值 a 和样本个数 m 来确定，见下式：

$$h = \begin{cases} 0.8146(b-a), & m=5 \\ 0.5690(b-a), & m=6 \\ 0.4560(b-a), & m=7 \\ 0.3860(b-a), & m=8 \\ 0.3362(b-a), & m=9 \\ 0.2986(b-a), & m=10 \\ 2.6851(b-a)/(m-1), & m\geqslant 11 \end{cases} \tag{2.14}$$

令：

$$C_j = \sum_{i=1}^{n} f_j(u_i) \tag{2.15}$$

$$\mu_{y_j}(u_i) = f_j(u_i)/C_j \tag{2.16}$$

$$q(u_i) = \sum_{j=1}^{m} \mu_{y_j}(u_i) \tag{2.17}$$

$$Q = \sum_{i=1}^{n} q(u_i) \tag{2.18}$$

则 u_i 出现的概率为:

$$P(u_i) = q(u_i)/Q \tag{2.19}$$

比如台风,在具体计算时,可采用如下步骤:

(1)假设在历史数据样本中共找到了 m 个影响该区域的台风,根据风雨分离,提取台风引起的各站风雨信息,根据影响时长,统计过程最大风速(MW)、过程累积降水量(AP)、过程最大日降水量(MP)3 个因子,区域内非台风影响的站点 3 个因子统一赋值为 0。

(2)基于这 m 个台风样本进行信息扩散技术计算概率。比如计算各站 MW 概率时,论域设定为这 m 个样本中站点值的最小值和最大值(最小值一般为 0),这样对于每个站点都对应有 m 个台风,只是有可能它的致灾因子值为 0,但是不妨碍其进行概率计算。这样保证了每个站计算的统一性,即都对应有同样多的台风。

2.10　克里金插值方法

克里金插值方法是以区域化变量理论为基础,以变差函数为主要工具,在保证估计值满足无偏性条件和最小方差条件的前提下求得估计值。假设研究区域为 w,区域变化量为 $\{z(x) \in w\}$,x 表示空间位置,$z(x)$ 在采样点 $x_i (i=1,2,\cdots,n)$ 处的属性值为 $z(x_i)$,则根据普通克里金插值原理,待插值点 $Z(x_0)$ 的估计值为:

$$Z(x_0) = \sum_{i=1}^{n} \lambda_i Z(x_i) \tag{2.20}$$

式中,λ_i 为第 i 个位置处测量值的权重系数。

第 3 章

暴雨致灾危险性评估

自有气象记录以来,承德市出现了"12·7""13·6""16·7"等影响较大的暴雨过程。2016 年 7 月 20—21 日暴雨过程造成兴隆县 74% 的行政村受灾,造成经济损失 14841.04 万元,其中兴隆镇六里坪最大降雨量高达 359.7 mm。暴雨引发山洪、中小河流洪水、城市内涝、农田渍涝、山体滑坡、泥石流、崩塌等灾害,造成房屋倒塌、道路桥梁受损、水库溃坝、河流溃堤、基础设施损坏、农作物被淹、车辆被浸泡甚至冲走等灾情发生,严重影响了国民经济和人民生命财产安全。

3.1 数据制备与处理方法

3.1.1 数据来源

选取承德市共 9 个国家气象站 1978—2020 年逐日和逐时降水数据,数据来源于河北省气象局。

3.1.2 处理方法

本书中用到的一些术语标准以及处理方法如下。

(1)降雨过程:受天气系统影响,从降雨开始到结束的全过程,期间日降雨量(20 时—次日 20 时)需大于等于 0.1 mm。

(2)单站暴雨日(大暴雨日):以单个国家级气象观测站 24 h 内降雨量≥50 mm(≥100 mm)的降雨日为单站暴雨日(大暴雨日)。

(3)单站暴雨过程:指单站暴雨持续天数≥1 d 的或者中断日有中雨(≥10.0 mm),且前后均为暴雨日的降水过程。首个达到暴雨量级日期作为暴雨过程的开始日,最后一个达到暴雨量级的日期作为暴雨过程的结束日。

3.2 暴雨致灾危险性评估技术方法

3.2.1 致灾因子选取

由于缺乏暴雨灾情资料,不能利用灾损指数确定致灾因子,因此,目前只能通过灾情解析直接确定致灾因子。此处选择暴雨持续天数、过程累积降水量、最大日降水量、最大小时降水量 4 个因子作为暴雨致灾因子。

3.2.2　致灾危险性评估方法

1. 构建单站暴雨过程强度指数模型

对各致灾因子进行归一化处理,采用信息熵赋权法等方法确定权重,加权求和得到单站暴雨过程强度指数:

$$I_r = \sum_{i=1}^{n} w_i R_i \quad (1-1) \qquad (3.1)$$

式中,I_r 为暴雨过程强度指数,w_i 为第 i 个致灾因子的权重,R_i 为第 i 个因子归一化处理后的值,n 代表所选取的致灾因子总个数。

2. 构建年雨涝指数

累加当年逐场暴雨过程强度指数 I_r 值,得到年雨涝指数 I_l:

$$I_l = \sum_{j=1}^{m} (I_r)_j \qquad (3.2)$$

式中,m 表示当年暴雨过程次数。

3. 致灾危险性评估

致灾危险性评估主要考虑暴雨事件和孕灾环境,由多年平均年雨涝指数 $\overline{I_l}$ 和暴雨孕灾环境影响系数 I'_e 两部分组成。

(1)暴雨孕灾环境影响系数 I'_e:暴雨孕灾环境指暴雨影响下,对形成洪涝、泥石流、滑坡、城市内涝等次生灾害起作用的自然环境。暴雨孕灾环境宜考虑地形(高程标准差、海拔高度等)、水系(水体距离、水网密度等)、地质灾害易发条件等,根据专家打分法确定权重系数。具体计算步骤如下:

① 计算暴雨孕灾环境综合指数(I_e)

$$I_e = w_h p_h + w_r p_r + w_d p_d \qquad (3.3)$$

式中,p_h、p_r、p_d 分别为地形因子影响系数、水系因子影响系数、地质灾害易发条件系数,具体的计算方法参考 DB33/T 2025—2017。w_h、w_r、w_d 分别为地形因子、水系因子、地质灾害易发条件的权重系数,其中,$w_h + w_r + w_d = 1$。

② 计算暴雨孕灾环境影响系数(I'_e)

$$I'_e = -c + 2c \left[\frac{I_e - I_{e\,min}}{I_{e\,max} - I_{e\,min}} \right] \qquad (3.4)$$

式中,$I_{e\,min}$ 为同一区域内的最小暴雨孕灾环境综合指数,$I_{e\,max}$ 为同一区域内的最大暴雨孕灾环境综合指数,c 为常数,宜取 0.2～0.4。

(2)多年平均年雨涝指数 $\overline{I_l}$:

$$\overline{I_l} = \left(\sum_{i=1}^{n} I_{li} \right) / n \qquad (3.5)$$

式中,I_{li} 表示第 i 年的雨涝指数,n 表示总年数。

(3)雨涝危险性指数 I_{yl}:

$$I_{yl} = (1 + I'_e) \times \overline{I_l} \qquad (3.6)$$

3.3　暴雨致灾危险性分析与评估

3.3.1　时空特征分析

3.3.1.1　时间分布特征

1978—2020 年承德市出现暴雨日共 448 站次,平均每年发生 10.42 站次,其中 1994 年暴雨日最多,为 28 站次,1999 年暴雨日最少,为 1 站次(图 3.1)。

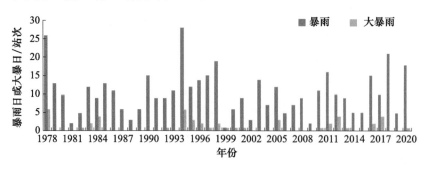

图 3.1 1978—2020 年承德市暴雨和大暴雨日

从月份分布规律来看,承德市暴雨集中在 7—8 月,7 月暴雨日次数最多,为 4.6 站次,8 月大暴雨日次数最多,为 0.6 站次(图 3.2)。

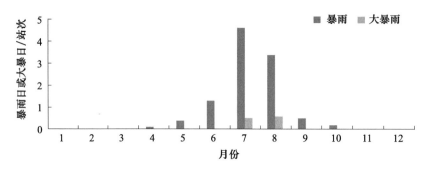

图 3.2 1978—2020 年逐月承德市暴雨及大暴雨日

3.3.1.2 空间分布特征

利用 1978—2020 年承德市共 9 个国家气象站多年暴雨日数据,采用克里金插值方法得到承德市暴雨日数空间分布图(图 3.3)。可见,承德市暴雨日数呈现由北向南递增的趋势。兴隆县、宽城县和营子区暴雨日数大多在 72.9 d 以上;围场县和丰宁县暴雨日数则大多不足 26 d。

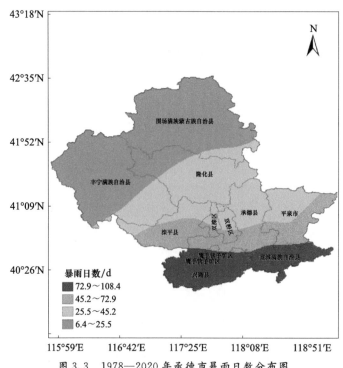

图 3.3 1978—2020 年承德市暴雨日数分布图

利用 1978—2020 年承德市 9 个国家气象站多年大暴雨日数据,采用克里金插值方法得到承德市大暴雨日数空间分布图(图 3.4)。可见,同暴雨一样,承德市大暴雨日数具有由北向南递增的趋势。兴隆县、宽城县和营子区大暴雨日数大多在 10.5 d 以上,围场县和丰宁县大暴雨日数则大多不足 1.1 d。

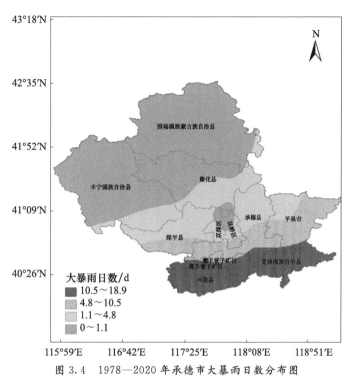

图 3.4　1978—2020 年承德市大暴雨日数分布图

3.3.2　致灾危险性评估

选取最大小时雨强、最大日降水量、过程累积降水量、暴雨持续天数 4 个因子,针对 9 个国家气象站分别构建暴雨过程强度指数模型,计算各站多年平均雨涝指数(图 3.5),综合考虑孕灾环境,得到单站雨涝危险性指数。

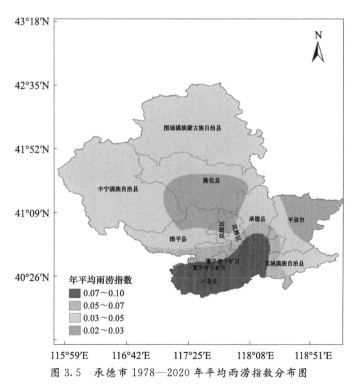

图 3.5　承德市 1978—2020 年平均雨涝指数分布图

　　暴雨孕灾环境影响系数计算过程中,考虑了地形、水系、地质灾害隐患点分布。承德市高程、高程标准差、水网密度、地质灾害隐患点分布如图 3.6、图 3.7、图 3.8、图 3.9 所示,地形因子、水系因子、地质灾害易发条件的权重系数见表 3.1,c 取值为 0.3。

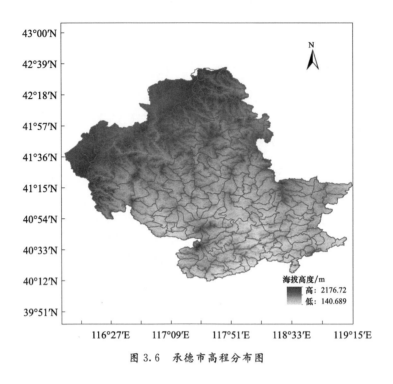

图 3.6　承德市高程分布图

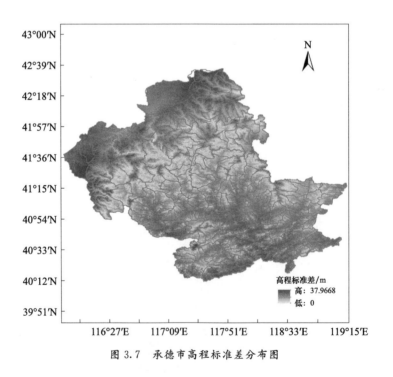

图 3.7　承德市高程标准差分布图

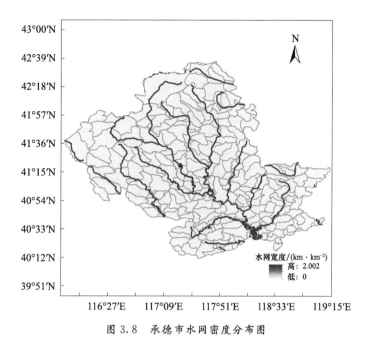

图 3.8　承德市水网密度分布图

图 3.9　承德市地质灾害隐患点分布图

表 3.1　承德市孕灾环境影响因子权重系数

孕灾环境影响因子	地形因子	水系因子	地质灾害易发条件
权重	0.5	0.4	0.1

　　根据暴雨致灾危险性等级划分结果制成图件,得到致灾危险性等级分布图(图 3.10)。承德市暴雨致灾危险性整体呈由北向南递增的趋势,较高等级及以上区域主要位于营子区、兴隆县大部和宽城县西部以及承德县南部;其他区域暴雨灾害致灾危险性较低。

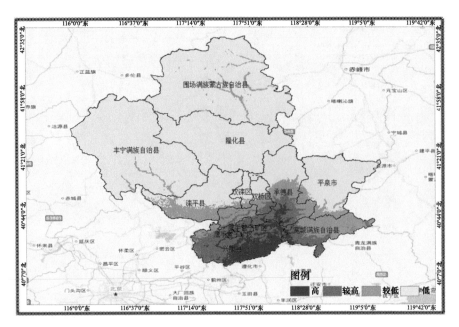

图 3.10　承德市暴雨致灾危险性等级图

3.4　典型暴雨灾害事件

自有气象记录以来,承德市出现了诸如"91·6""94·7""12·7""16·7"等影响较大的特大暴雨过程。

3.4.1　事件 1(1991 年 6 月 7—10 日)

1991 年 6 月 7—10 日,承德市连降大到暴雨,全区平均降水量为 118 mm,占平均年降水量的四分之一,最大降水量达 368 mm,降雨集中的 42 个乡镇均达 300 mm 以上。

由于雨量大,来势猛,引起山洪暴发。据《中国气象灾害大典·河北卷》记载,潮河、老哈河超历史最高水位,代营水文站最大洪峰流量达 1600 m³/s,接近百年一遇的 1729 m³/s 洪峰流量。受灾严重的滦平、丰宁、平泉、隆化、围场 5 县(市、区)农作物受灾 45356 hm²,成灾 29081 hm²,其中被水冲沙化达 7737 hm²,成灾人口 95.2 万人,洪水冲走群众存粮 122 万 kg,衣被 5 万余件。冲毁县级以上公路 376 km,护村坝 500 km,桥梁 82 座,沙通铁路因路基冲毁停运 72 h。有 240 个村的 15.48 万人被洪水围困,倒塌损坏房屋 9816 间,其中倒塌 5500 间,因灾死亡 24 人,死亡牲畜 5415 头(只),直接经济损失 2.22 亿元。

3.4.2　事件 2(1994 年 7 月 12—13 日)

1994 年 7 月 12 日凌晨至 13 日上午,承德全市 24 h 连降暴雨,大部分地区日降雨量超过 100 mm,兴隆县降雨量达 316 mm,相当于全年降雨量的 50%;市区降雨量 169 mm,相当于全年降雨量的 35%。

大量集中降雨造成山洪暴发,各大河流水位急剧上涨。柳河兴隆县李营站洪峰流量 2120 m³/s,超过了 50 年一遇的流量;武烈河承德站洪峰流量 1360 m³/s;潮河代营站洪峰流量 716 m³/s;伊逊河韩家营站洪峰流量 634 m³/s;滦河三道河子站洪峰流量 784 m³/s;瀑河宽城站洪峰流量 1590 m³/s;均超过了 20 年一遇的流量标准,形成了 1962 年以来最大的一次人力不可抗拒的特大洪水灾害。

全市冲倒房屋 2.06 万间,损坏 5.4 万间,民房损失 2.9 亿元。大量树木、牲畜、粮食和生产生活用具被冲淹,林牧水产等损失 1.75 亿元。农业生产条件遭受严重破坏,成灾农作物 9.5 万 hm²,水冲沙压耕地 5 万 hm²,其中冲光地板 1.7 万 hm²,绝收 3 万 hm²,减产粮食 2.8 亿 kg,土地损失 2.62 亿元,种植业损失 3 亿元,一些乡村的农田基本建设成果被毁,造成损失 1.46 亿元。全市乡及乡以上工业企业因洪水袭击停产半停产的达 529 家,乡镇企业 8200 家,其中乡村集体企业 698 家,重灾 338 家,乡及乡以上工业企业经济损失 3.38 亿元,村及村以下工业企业经济损失 1.44 亿元,粮、商、供等流通企业经济损失 4030 万元。

公路、铁路、供电、通信等基础设施遭到极大破坏。全市 166 条各级公路被冲断交 133 条,仅国道和省道就有 12 条断交,县道 18 条断交。冲毁各种桥涵洞 371 座,公路损失 9747 万元。京承、锦承、京通、承隆 4 条铁路出现坍塌 71 处,造成全部断交,京承铁路 199 km 处柳河 1 号大桥桥墩被冲倒入水中,两孔 58 m 桥梁落入水里;京承 146 km 处青石岭隧道口山体塌方,2200 余 m³ 石渣堆落洞口。12 日夜,北京至承德 553 次旅客列车和承德至石家庄 354 次旅客列车被迫停在北马圈子和下台子两站不能开动,2000 多名旅客滞留车上 68 h,铁路损失 3120 万元,还有电力损失 3773 万元、通信损失 3480 万元。

市区和县城基础设施遭到严重毁坏,直接经济损失 9805 万元。承德大桥第六孔桥墩下陷断裂,桥面被折断。武烈河西岸大堤局部内裂,坝体倾斜 30 多米,东、西两岸大堤被毁倒塌 850 多米。供热厂沿河 500 多米主输供热管道跌落水中或折卧瘫地。

部分学校、卫生所、广播站被冲被毁。其中,中小学校损失 5225 万元,全市中小学校倒塌房屋 1000 多间,冲撞 1000 多间,造成危房 3100 间。

据《承德气象灾害志》记载,全市 8 县 3 区全部受灾,受灾乡镇 171 个,占乡镇总数的 78%;受灾人口 170 万人,占总人口的 50%,伤亡失踪 172 人,其中死亡 83 人。1.5 万户房屋倒塌、7.35 万人粮食衣物用具等被冲光,生活无门,造成无家可归,全市直接经济损失 21.6 亿元。

3.4.3　事件 3(2012 年 7 月 21—22 日)

2012 年 7 月 21—22 日,承德市出现大范围降雨过程,全市平均降水量为 96.9 mm,最大为兴隆县,平均降水量为 214.5 mm,最大降雨点为兴隆县石庙子,降水量为 266 mm。"12·7"暴雨过程历时短、强度大,导致全市受灾严重。

受强降雨影响,洒河、柳河及暴河出现洪峰过程,洒河蓝旗营水文站洪峰流量为 1730 m³/s,为 20 年一遇,洒河支流横河洪峰流量为 762 m³/s,柳河李营水文站洪峰流量为 418 m³/s,暴河宽城水文站洪峰流量为 110 m³/s。

据统计,"12·7"暴雨共造成承德市 118 个乡镇遭受不同程度的洪涝灾害,其中兴隆、宽城最为严重,全市受灾人口 52.53 万人,因灾死亡 4 人,紧急转移安置人口 7.35 万人次;农作物受灾面积 2.2 万 hm²,其中绝收面积 2900 hm²;倒塌损坏房屋 8686 间,其中倒塌 734 间;冲毁防洪堤 766 km,冲段公路 381 km,冲坏便民桥 419 座,损坏机电井 1312 眼,冲毁塘坝 3 座,损坏泵站 9 个,冲毁灌溉设施 551 处,导致 1.16 万人临时饮水困难。此次灾害造成全市直接经济损失达 19.07 亿元,其中水利基础设施直接经济损失 5.4 亿元(图 3.11、图 3.12)。

图 3.11　兴隆县冲毁的道路(图片来源:兴隆县气象局)

图 3.12　兴隆县洪水进入村庄(图片来源:兴隆县气象局)

3.4.4　事件 4(2016 年 7 月 19—21 日)

2016 年 7 月 19—21 日,受北上的西南涡与副高外围的暖湿气流共同影响,承德市出现严重的暴雨洪涝灾害。全市平均降雨量 97 mm,201 个乡镇降雨量超过 25 mm,其中 169 个超过 50 mm,86 个超过 100 mm,13 个超过 200 mm,最大降雨量出现在兴隆县六里坪,为 358.5 mm。

据市应急管理局统计,"16·7"特大暴雨造成承德市宽城、兴隆、承德县、滦平、隆化、市区、丰宁等县(区)受灾严重。兴隆县有 220 个行政村(居委会)受灾,其中道路、水利、学校、医院等基础设施受损,农业、工业企业、家庭财产都受到巨大损失。此次降雨引发了滑坡、崩塌、泥石流等共计 18 处次生灾害。宽城有 20 个乡镇(含经济开发区和街道办)不同程度受灾,以汤道河、苇子沟、大字沟、大石柱子最重,房屋、公路、桥梁、堤防、机井等损坏;农作物、食用菌大棚、蔬菜大棚、畜舍等受灾。承德县鞍匠镇、刘杖子乡、新杖子乡、磴上镇、高寺台镇等 12 个乡镇受灾,农作物受灾,房屋损坏,乡镇道路被冲毁。7 月 20 日晚,省道承秦出海路承德县段距三北隧道口 600 m 处右侧发生山体滑坡,造成交通中断。滦平县有 21 个乡镇遭受了不同程度洪涝灾害,受灾乡镇降雨均超过 60 mm,最大降水出现在付营子乡羊草沟门村,为 146.4 mm。付营子镇、邓厂乡、五道营子乡、火斗山乡等 8 个乡镇受灾严重,此次暴雨主要造成农作物受灾、房屋损坏等。隆化县 7 个乡镇 56 个行政村不同程度受灾,受灾严重的有章吉营乡、山湾乡、韩麻营镇和韩家店乡,暴雨造成农作物受灾、房屋损毁,山体滑坡两处,其中一处为韩家店乡八里营村。承德市双桥区、高新区、营子区部分农作物受灾,房屋损坏,没有出现人员伤亡。丰宁县最大降雨量达 145 mm,有 6 个乡镇 21 个行政村受灾,农田、房屋、公路、堤坝、桥涵等损毁。

3.4.5　事件 5(2017 年 8 月 2 日)

2017 年 8 月 2—3 日,受高空槽与减弱台风低压外围暖湿气流的共同影响,承德市出现强降雨天气。全市共有 125 个乡镇降水量大于 25 mm,其中 81 个乡镇大于 50 mm,53 个乡镇大于 100 mm,6 个乡镇大于 200 mm,最大降水出现在兴隆县西台子村,为 270 mm。

强降雨造成部分县区出现严重洪涝灾害,泥石流、山体滑坡等地质灾害,全市水、电、路、桥、通信等基础设施严重损毁,给人民群众生命和财产安全造成严重损失。

据承德市应急管理局统计,全市有 6 个县(市、区)60 个乡镇上报灾情,受灾人口 121011 人,紧急转移安置 5043 人,其中集中安置 1654 人,分散安置 3389 人,需紧急生活救助 1479 人;农作物受灾面积 4833 hm²,其中绝收 597 hm²,毁坏耕地 249 hm²;倒塌房屋 44 间,严重损坏 143 间,一般性损坏 4068 间;直接经济损失 26588 万元,其中农业损失 9039 万元,工矿企业损失 991 万元,基础设施损失 14125 万元,公益设施损失 398 万元,家庭财产损失 2029 万元(图 3.13)。

图 3.13　承德市兴隆县蘑菇峪镇道路被冲毁(图片来源:兴隆县气象局)

第 4 章

冰雹致灾危险性评估

冰雹是指坚硬的球状、锥状或形状不规则的固体降水。冰雹是在强对流天气形势下产生的,常伴随雷暴、大风、短时强降水等灾害性天气。承德市的冰雹主要出现在 4—10 月,在春末、秋初出现频次最多。冰雹天气虽然影响范围小、出现时间短,但往往来势猛、强度大,会砸落花果和作物籽粒,砸裂瓜果,砸毁植物茎叶和蔬菜,砸伤人畜,砸破汽车玻璃和房顶瓦片等。自有气象记录以来,承德市出现了"20·7""03·9""92·7"等冰雹过程,冰雹最大直径均超过 40 mm,严重影响了人民生命财产安全。2008 年 7 月 2 日,承德丰宁部分地区遭到强烈的冰雹袭击,冰雹最大直径为 10~12 cm,实属历史罕见,造成农作物受损严重。

4.1 数据制备与处理方法

4.1.1 数据来源

1978—2020 年承德市 9 个国家气象观测站的逐日冰雹数据,包括降雹日期,降雹频次,降雹开始时间、结束时间、持续时间,最大冰雹直径和降雹时极大风速,资料来源于河北省气象局。

4.1.2 处理方法

4.1.2.1 降雹过程确定

首先确定冰雹过程,如果一个雹日内仅有一次连续降雹,算作一次降雹过程;如果一日内出现多次降雹,首先判定降雹间隔时间,如果两次降雹间隔小于 15 min,算作一次降雹过程,降雹持续时间分段相加,如果间隔时间超过 15 min,算作不同的降雹过程。

4.1.2.2 冰雹要素数据提取

本次冰雹灾害危险性评估,以雹日为单位进行计算,针对收集到的数据,首先确定每个降雹日内的最大冰雹直径和最大降雹持续时间。大部分台站一个雹日仅出现一次降雹过程,直接提取过程最大冰雹直径和过程降雹持续时间;针对一个雹日有多次降雹过程的数据,提取该雹日内的最大冰雹直径和降雹持续时间。

4.1.2.3 统计指标

1. 降雹日数

将计算年份的降雹日数之和作为当年冰雹日数;计算月份的所有年降雹日数之和除以统计年数作为月冰雹日数;空间分布特征中,统计每个台站所有年份的降雹日数之和。

2. 平均最大冰雹直径

计算统计单元内所有降雹过程的最大冰雹直径平均值。

3. 平均降雹持续时间

计算统计单元内所有降雹过程的降雹持续时间平均值。

4.2　冰雹致灾危险性评估技术方法

4.2.1　致灾因子选取

本次选用雹日作为降雹频次的计算单元。根据以往研究结果,直接选用最大冰雹直径、降雹持续时间、降雹日数作为致灾因子。

4.2.2　致灾危险性评估方法

冰雹灾害危险性评估包括冰雹强度和降雹频次 2 个方面。计算每个雹日的降雹持续时间和冰雹最大直径的样本平均值,代表当地降雹强度;以站点为单位将降雹日数进行累加求和,代表当地降雹频次。

分别对以上致灾因子在空间进行归一化处理,并按照下式对各因子进行加权求和得到冰雹危险性指数:

$$V_E = W_R X_R + W_T X_T + W_D X_D \tag{4.1}$$

式中,V_E 为冰雹危险性指数;X_R 为雹日样本累计值,X_T 为降雹持续时间样本平均值,X_D 为冰雹最大直径样本平均值;W 为对应的权重系数。根据专家打分法确定各因子权重(表 4.1)。

表 4.1　各致灾因子权重系数

影响因子	降雹日数	降雹持续时间	冰雹最大直径
权重系数值	0.5	0.3	0.2

4.3　冰雹致灾危险性分析与评估

4.3.1　时空特征分析

4.3.1.1　时间分布特征

1978—2020 年,承德市共出现降雹日 826 站日,平均每年 19.21 站日。从年际变化看,冰雹日数整体呈下降趋势,下降趋势为 6.1 站日/10 a,其中,1990 年冰雹日数最多,为 59 站日(图 4.1)。

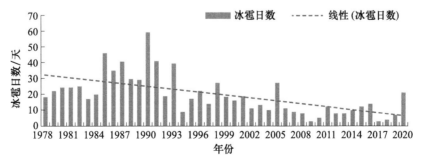

图 4.1　1978—2020 年承德市逐年冰雹日数

1978—2020 年,承德市最大冰雹直径平均值为 8.6 mm。从年际变化看,最大冰雹直径整体呈下降趋势,其中,1978 年最大冰雹直径平均值最大,为 15.7 mm,2020 年最小,为 3.2 mm(图 4.2)。

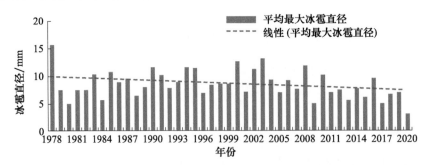

图 4.2　1978—2020 年承德市逐年平均最大冰雹直径

1978—2020 年,承德市降雹持续时间平均值为 6.3 min。从年际变化看,降雹持续时间整体呈下降趋势,降幅为 0.1 min/10 a。其中,2000 年、2006 年、2014 年降雹持续时间平均值最大,为 10 min,2017 年最小,为 2 min(图 4.3)。

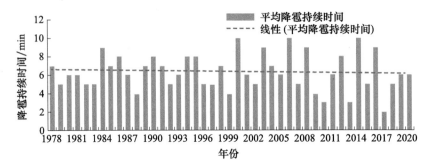

图 4.3　1978—2020 年承德市逐年平均降雹持续时间

从月份分布规律来看,承德市的冰雹 5—9 月发生频繁,冰雹日数占总日数的 93%,尤其是 6 月,占总日数的 31.6%(图 4.4)。

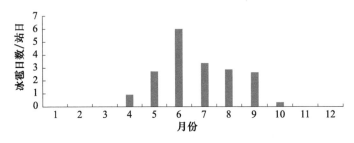

图 4.4　1978—2020 年承德市逐月冰雹日数

从月份分布规律来看,承德市的最大冰雹直径平均值在 6.0~17.5 mm,其中,6 月最大,为 17.5 mm(图 4.5);降雹持续时间平均值在 5.0~10.0 min,其中,3 月最大,为 10.0 min(图 4.6)。

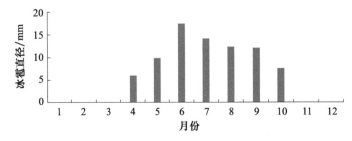

图 4.5　1978—2020 年承德市逐月平均最大冰雹直径

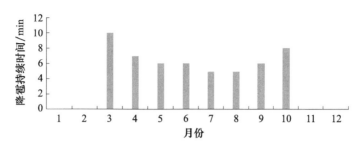

图 4.6　1978—2020 年承德市逐月平均降雹持续时间

4.3.1.2　空间分布特征

利用 9 个国家气象观测站 1978—2020 年冰雹数据,采用克里金插值方法得到全市冰雹总日数、平均最大冰雹直径、平均降雹持续时间空间分布图。承德市冰雹日数空间上呈由北向南递减的分布趋势,其中丰宁、围场和隆化北部冰雹日数较多,大多在 107.8～154.5 d,滦平、市辖区、承德县南部、平泉南部、兴隆和宽城等地冰雹日数较少,大多在 63.8～87.5 d(图 4.7)。

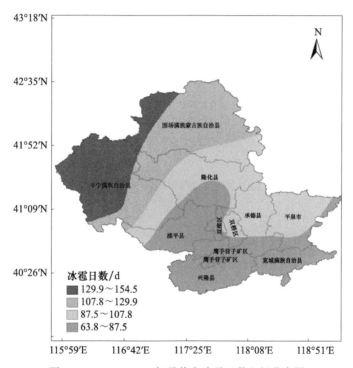

图 4.7　1978—2020 年承德市冰雹日数空间分布图

承德市平均最大冰雹直径空间上大致呈由北向南递增的趋势,其中丰宁南部、隆化中南部、兴隆大部以及宽城东部较大,在 9.0～11.1 mm,围场中北部较小,在 5.3～6.6 mm(图 4.8)。

承德市平均降雹持续时间大致呈隆化、承德县和平泉的带状区域向其他地区递减的趋势,其中隆化中部和宽城东部较长,在 7.1～8.0 min,围场大部、丰宁大部、承德县南部、宽城西部和滦平西北角以及市区大部较短,在 5.8～6.3 min(图 4.9)。

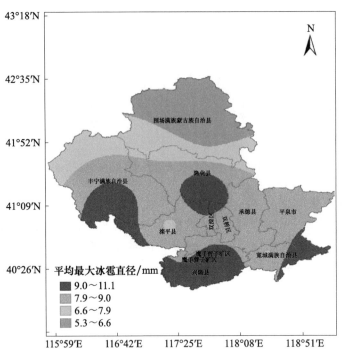

图 4.8　1978—2020 年承德市平均最大冰雹直径空间分布图

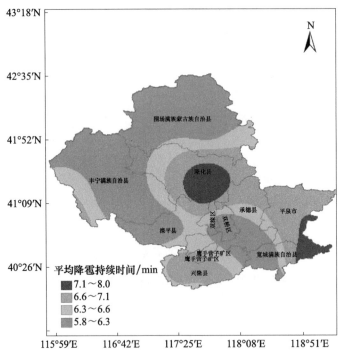

图 4.9　1978—2020 年承德市平均降雹持续时间空间分布图

4.3.2　致灾危险性评估

　　承德市冰雹致灾危险性分区结果表明,冰雹灾害致灾危险性总体上表现为由西北向东南递减的分布趋势,丰宁大部和围场北部的冰雹致灾危险性等级为较高及以上;滦平、市区、兴隆、宽城以及承德县南部冰雹致灾危险性等级为低(图 4.10)。

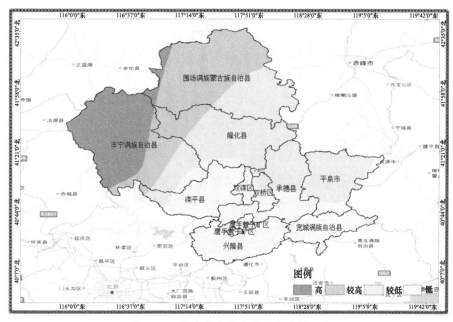

图 4.10 承德市冰雹致灾危险性等级图

4.4 典型冰雹灾害事件

4.4.1 事件1(1973年6月1—6日)

据《中国气象灾害大典·河北卷》记载,1973年6月1—6日,承德、围场、隆化3县遭受雹灾,大者重125g,树叶砸光,受灾农田4269 hm²,砸毁房屋520间。

4.4.2 事件2(2015年7月27日)

2015年7月27日,丰宁县、隆化县部分乡镇遭受冰雹、洪涝灾害。丰宁县西官营、万胜永、苏家店、选营、外沟门等乡镇不同程度受灾,隆化县9个乡镇不同程度受灾。其中隆化县受灾人口25528人,农作物受灾面积1920 hm²,成灾面积1486 hm²,绝收371 hm²,毁坏耕地55 hm²,20个大棚倒塌,汤头沟镇河洛营村黄树民家10 hm²万寿菊种植基地不同程度受灾。本次灾害造成隆化县直接经济损失2512万元,其中农业损失1970万元,家庭损失370万元,基础设施损失160万元,公益设施损失12万元(图4.11)。

图 4.11 2015年7月27日丰宁县被冰雹砸毁的玉米(图片来源:丰宁县气象局)

4.4.3　事件 3(2016 年 6 月 21 日)

2016 年 6 月 21 日 15—16 时,丰宁县部分乡镇遭受风雹灾害,导致土城、黄旗、苏家店、南关、胡麻营等乡镇不同程度受灾。此次灾害共造成全县 5 个乡镇 15 个行政村受灾,受灾人口 8560 人,受灾耕地面积 1248.6 hm²,成灾耕地面积 862.6 hm²,绝收 14.6 hm²,房屋瓦片和玻璃受损、进水 354 户。此次灾害共造成直接经济损失 2507 万元,其中农业损失 2460 万元。

4.4.4　事件 4(2019 年 5 月 15 日)

2019 年 5 月 15 日 19 时 30 分至 20 时,兴隆县半壁山镇、蓝旗营镇、北营房镇、孤山子镇、三道河镇、大水泉镇、李家营镇、安子岭乡共 8 个乡镇突遭风雹灾害,其中半壁山镇、蓝旗营镇、大水泉镇、三道河镇、安子岭乡受灾最为严重。

此次风雹强度大、密度高,多数冰雹直径超过 5 cm,个别超过 8 cm,受灾地区均为山楂和板栗主产区。兴隆全县 8 个乡镇不同程度受灾,减收 3~8 成,林果及农作物损失惨重。受灾人口 41694 人,无人员伤亡,直接经济损失 20487.95 万元(其中农作物经济损失为 19558.55 万元;房屋受损 1397 户、4049 间,房屋损毁价值 151.6 万元;车辆、大棚、太阳能等其他家庭经济财产损失 777.8 万元)。受灾面积 8144.26 hm²(其中绝收面积 2357.9 hm²),全县板栗受灾面积 6612 hm²、1026.38 万株,减产 13239.2 t,损失 16292.06 万元;山楂受灾面积 1377.8 hm²、164.7412 万株,减产 9983.6 t,损失 1601.93 万元;苹果受灾面积17.1 hm²、1.6557 万株,减产 501 t,损失 497 万元;桃树受灾面积 31.4 hm²、3.872 万株,减产 825 t,损失 782 万元;梨树受灾面积 24.4 hm²、2.77 万株,减产 530 t,损失 329.8 万元。

4.4.5　事件 5(2020 年 8 月 23 日)

2020 年 8 月 23 日,兴隆县上石洞乡、北营房镇、六道河镇、蘑菇峪镇、平安堡镇、南天门乡、陡子峪乡共 7 个乡镇遭受冰雹灾害,多处农作物不同程度受损,据市应急管理局统计,此次灾情给兴隆县村民共造成经济损失 55.6 万元。其中,上石洞乡受风雹灾影响,导致 36 户、90 人受灾,玉米等农作物受灾面积 3.5 hm²,减产 50%,经济损失 4.9 万元;此次灾情共造成六道河镇经济损失 4.9 万元。北营房镇受风雹灾影响,导致 93 户、212 人受灾,玉米等粮食作物受灾面积 5.5 hm²,减产 40%,经济损失 3.5 万元,苹果受灾面积 0.1 hm²,减产 30%,经济损失 1.5 万元,大坝坍塌损失 4 万元,村民院墙倒塌一处,经济损失 1.2 万元。此次灾情共造成北营房镇经济损失 10.2 万元。六道河镇受风雹灾影响,导致 60 户、150 人受灾,玉米、稻谷受灾面积 13.3 hm²,减产 30%,经济损失 5 万元。陡子峪乡受风雹灾影响,导致 83 户、333 人受灾,玉米受灾面积 5.2 hm²,减产 50%,经济损失 4 万元;高粱受灾面积1.4 hm²,减产 50%,经济损失 1 万元;道路、院墙、坝墙受损 4 处,经济损失 1.8 万元;109 只鸡被砸死,经济损失 0.3 万元,此次灾情共造成陡子峪乡经济损失 7.3 万元。南天门乡受风雹灾影响,导致 6 户、14 人受灾,房屋受损 5 户 5 间(12 人),共经济损失 5.6 万元;导致 1 户生活用水井被冲坏,经济损失 0.5 万元;此次灾情共造成南天门乡经济损失 6.1 万元。蘑菇峪镇受风雹灾影响,导致 33 户、92 人受灾,玉米农作物受灾面积 0.4 hm²,1 间房屋墙壁垮塌,造成经济损失 0.5 万元;道路受损长度 50 m,经济损失 0.6 万元,此次灾情共造成蘑菇峪镇经济损失 1.1 万元。平安堡镇受风雹灾影响,导致 6 户、10 人受灾,农作物受灾面积 8.33 hm²,减产 60%,经济损失 15 万元;蓄水池堤坝坍塌 30 m,经济损失 6 万元,此次灾情共造成平安堡镇经济损失 21 万元。

第 5 章

大风致灾危险性评估

风是指空气的水平运动,气象上把瞬时风速≥17.2 m/s的风称为大风。自有气象记录以来,承德市出现了"81·5""18·9""79·5"等大风过程,其中"81·5"风速高达21.3 m/s,严重影响了人民生命财产安全。大风会对高空作业、航运、渔业、旅游业、农业、林业、电力、建筑物等造成不利影响,可能危及高空作业人员和景区相关人员及设备安全,可能吹翻船只、吹落花果、刮倒农作物和树木等,可能折断电杆、拉断电线,刮倒临时建筑物、围墙,刮走房顶覆盖物等,还会引发沿海风暴潮,助长火灾。承德市大风主要出现在春季,全市多年平均大风日数10.3 d,其中丰宁年平均大风日数在21.1～29.0 d,是全市大风出现最频繁的地区。

5.1 数据制备与处理方法

5.1.1 数据来源

气象数据来自1978—2020年承德市9个国家气象观测站基本资料,包括日最大风速和风向、日极大风速和风向及出现时间,天气现象(包括日大风是否出现、日大风出现时间、雷暴是否出现)等气象资料,资料来源于河北省气象局。基础地理信息数据由国务院普查办共享下发。

5.1.2 处理方法

根据天气现象的大风与日极大风速是否出现,进行大风过程判识,确定逐年历次大风过程。判断规则为:当记录有大风日出现或日极大风速≥17.2 m/s时即为大风过程,当同一天有多次大风过程记录时要分段记录,夜间段出现大风也分别记录大风日。

5.2 大风致灾危险性评估技术方法

5.2.1 致灾因子选取

选取大风频次(大风日数,d/a)与强度(日极大风速,m/s)作为大风致灾因子。

5.2.2 致灾危险性评估方法

1. 极大风速拟合方法

利用9个国家气象观测站日最大风速通过幂函数、指数、多项式、对数与线性等多函数拟合日极大风速,挑取拟合程度较高的二次多项式函数,延长并订正极大风速序列。拟合公式见表5.1,其中 x 为日最大风速,y 为日极大风速。

表 5.1　各站点拟合公式

站名	拟合公式
丰宁	$y=0.001029x^2+1.45x+0.4817$
围场	$y=-0.05483x^2+2.386x-1.474$
隆化	$y=-0.01642x^2+1.852x-0.3235$
平泉	$y=0.01128x^2+1.465x+0.5018$
滦平	$y=-0.02307x^2+1.916x-0.5691$
承德	$y=-0.01439x^2+1.823x-0.4741$
兴隆	$y=1.535x^{1.074}$
承德县	$y=-0.03734x^2+2.265x-0.8228$
宽城	$y=1.952x^{0.9409}$

2. 致灾危险性指数构建

将大风日数与日最大风速进行归一化处理后,采用层次分析或专家打分等方法确定各个指标的权重,两个指标加权相加后得到危险性指数。

$$H=W_F \times X_F + W_V \times X_V \tag{5.1}$$

式中,H 为大风危险性指数;W_F、W_V 为大风频次与强度指标所占权重,总和为1;X_F、X_V 为归一化处理后的大风频次与强度指标值。

5.3　大风致灾危险性分析与评估

5.3.1　时空特征分析

5.3.1.1　时间分布特征

统计逐年单站的平均大风日数,从年大风日数变化图(图5.1)看出,承德市的逐年大风日数总体呈上升趋势。大风日数多年平均值为10.3 d,其中2019年、2020年出现大风的日数最多,达20 d;1998年、2003年、2008年出现大风的日数最少,仅5 d。

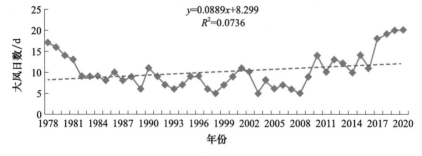

图 5.1　1978—2020 年承德市逐年大风日数

统计1978—2020年逐月的大风日数,从月大风日数变化图(图5.2)来看,承德市的月平均大风日数为36.4 d,春季(3—5月)大风日数多于其他季节,其中4月出现大风的日数最多,为84 d,9月出现大风的日数最少,仅13 d。

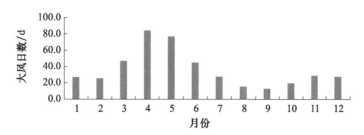

图 5.2　1978—2020 年承德市逐月平均大风日数

统计 1978—2020 年逐年日最大风速年极值的平均值,从大风过程的日最大风速年际变化图(图 5.3)看出,承德市大风过程的日最大风速总体呈下降趋势。日最大风速多年平均值为 11.9 m/s,其中 1980 年的日最大风速值最大,为 14.9 m/s;1998 年、2006 年的日最大风速值最小,仅 10.1 m/s。

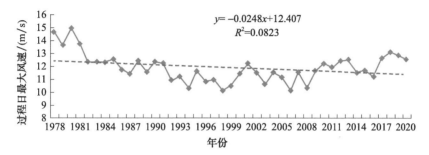

图 5.3　1978—2020 年承德市逐年最大风速

5.3.1.2　空间分布特征

利用 1978—2020 年承德市 9 个国家气象观测站年大风日数据,采用克里金插值方法得到承德市大风日数空间分布图(图 5.4)。由图可见,年均大风日数总体呈由西北向东南递减的趋势,丰宁大部和围场北部较多,年均大风日数在 21.1～29.0 d,其次为围场南部、隆化西部、丰宁小部和滦平北部,年均大风日数在 14.5～21.1 d。

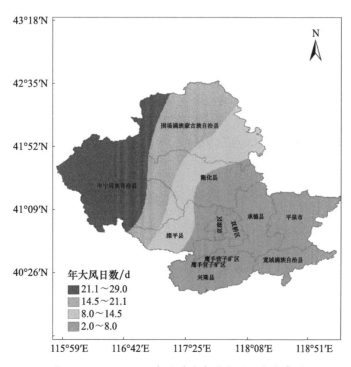

图 5.4　1978—2020 年承德市年均大风日数分布图

统计1978—2020年承德市9个国家气象观测站年最大风速平均值,采用克里金插值方法得到承德市年日最大风速空间分布图(图5.5)。可见,年均最大风速总体呈西高东低的特征,丰宁地区较大,最大风速在13.7～14.8 m/s,其次为围场西部、隆化西部、滦平西部和丰宁南部,最大风速在12.5～13.7 m/s,兴隆、宽城和承德县南部较小,在11.6 m/s以下。

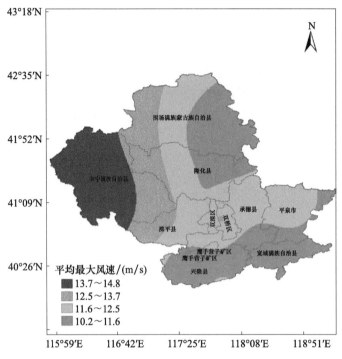

图5.5　1978—2020年承德市年均最大风速分布图

5.3.2　致灾危险性评估

将大风致灾因子频次(年均大风日数)和强度(日极大风速)进行归一化处理后,采用层次分析等方法确定各指标权重(大风频次与强度系数分别为0.5),利用加权求和方法计算大风灾害致灾危险性指数,公式如下:

大风致灾危险性指数＝0.5×年均大风日数归一化值＋0.5×年日极大风速平均值归一化值

承德市大风致灾危险性分区结果表明,承德市大风危险性分布总体呈西高东低特征。丰宁大部危险性高,丰宁东部、围场西部、隆化西部和滦平西部危险性较高,围场和隆化的中部、滦平的中东部、兴隆县和营子区以及双桥和双滦区危险性较低,围场东部、隆化东部、承德县和平泉以及宽城地区危险性低(图5.6)。

5.4　典型大风灾害事件

5.4.1　事件1(2010年6月16日)

2010年6月16日18时,承德市双滦区出现强对流天气,双塔山镇东平台村有短时大风,造成96户住宅受损,其中多数为简易房,总计420间;30多棵树木树冠被刮断;大风刮带的屋顶彩钢瓦造成5根电线杆断裂,供电线路出现故障,导致该村断电时间长达40 h,受灾人口410人,直接经济损失300万元(图5.7、图5.8)。

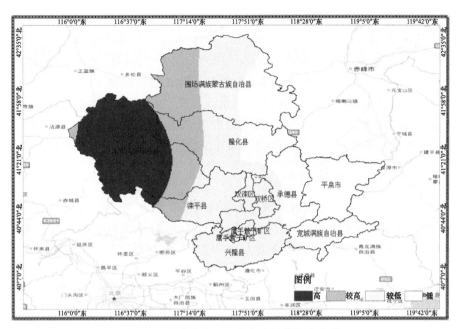

图 5.6　承德市大风致灾危险性等级分布图

图 5.7　2010 年 6 月 16 日大风造成双塔山镇平台村简易房受损（图片来源：承德市气象局）

图 5.8　2010 年 6 月 16 日大风造成双塔山镇平台村电线杆倒伏（图片来源：承德市气象局）

5.4.2　事件2(2015年4月16日)

2015年4月16日,承德市出现大范围大风、沙尘天气,有7个县(市、区)风速达8级(17.2 m/s)以上,其中最大瞬时风速为24.7 m/s(10级),出现在双滦区。隆化县遭受沙尘、大风天气,受灾严重。据统计,此次沙尘、大风摧毁隆化县冷暖棚330个,唐三营镇榆树庄村一间500 m²的彩钢牛舍刮倒,因墙倒砸死羊5只。冷暖棚塑料膜损毁、压膜槽破损,冷棚支架坍塌,棚内设施菜种苗死亡,已订购蔬菜秧苗毁掉。全县1155人受灾,受灾农作物面积57.5 hm²,共造成直接经济损失280万元,其中农业损失263万元。

5.4.3　事件3(2017年5月4—6日)

2017年5月4—6日,承德市普遍出现7级以上的灾害性大风天气,最大瞬时风速为30.8 m/s(风力为11级),出现在平泉市。此次大风过程持续时间长,风力等级高,承德市经济受到不同程度损失。其中以双滦区、高新区遭受大风灾害最为严重,受灾人口3477人、农作物13.83 hm²,直接经济损失15.96万元。

5.4.4　事件4(2017年7月7—8日)

2017年7月7—8日,承德市大部县(市、区)出现超过8级大风,最大瞬时风速达到39.3 m/s(风力13级),出现在丰宁。丰宁出现雷暴大风冰雹天气,冰雹最大直径达到2 cm,造成玉米大面积倒伏、农作物受损,部分农房瓦片被砸坏,树木折断。据初步统计,此次灾害共造成2.5人受灾,作物受灾面积4133.3 hm²,绝收面积266.7 hm²,直接经济损失2244万元,其中农业损失2074万元(图5.9)。

图5.9　2017年7月8日丰宁县树木被大风折断(图片来源:丰宁县气象局)

5.4.5　事件5(2019年5月17—19日)

2019年5月17—19日,承德市普遍出现8级以上大风,最大瞬时风速为32.0 m/s(风力11级),出现在围场县。丰宁县遭受风雹自然灾害,瞬时风速达到26.5 m/s,最大风力10级,冰雹最大直径达到2 cm,造成设施农业受损严重,大面积产业大棚棚膜被砸(刮)坏,大棚钢结构及农作物受损,部分农房瓦片被砸(刮)坏。据初步统计,此次灾害共造成丰宁县受灾人口5524人,受灾耕地面积302.3 hm²,设施大棚受损1632个,造成直接经济损失约400万元。

第 6 章

低温致灾危险性评估

低温冷冻是指因冷空气异常活动造成剧烈降温以及雨雪、霜冻的气象现象。低温冷冻对农业影响最大,能造成农作物减产甚至绝收,其次,对牧业、养殖业、渔业等均有不利影响。自有气象记录以来,承德市出现了"10·1""12·12""90·1"等低温冷冻过程,极端最低气温均低于−30 ℃,严重影响了人民生命财产安全。承德市低温冷冻灾害主要出现在 9 月至次年 5 月,主要影响玉米、土豆等农作物,其中 3—5 月农作物正处于旺盛生长期,会导致农作物生长发育迟缓,甚至减产。造成承德市低温冷冻灾害的冷空气过程主要包括冷空气(寒潮)和霜冻。

6.1 数据制备与处理方法

6.1.1 数据来源

1978—2020 年承德市 9 个国家气象观测站日平均气温和日最低气温,资料由河北省气象局提供。

6.1.2 处理方法

以冷空气过程和霜冻过程作为低温灾害危险性评估对象,冷空气过程和霜冻过程统计方法如下:

6.1.2.1 冷空气(寒潮)等级统计标准

依据降温幅度和最低气温计算逐日冷空气强度等级,标准如下:

较强冷空气:$8\ ℃ > \Delta T_{min48} \geqslant 6\ ℃$。

强冷空气:$\Delta T_{min48} \geqslant 8\ ℃$。

寒潮:$\Delta T_{min24} \geqslant 8\ ℃$ 或 $\Delta T_{min48} \geqslant 10\ ℃$ 或 $\Delta T_{min72} \geqslant 12\ ℃$,且 $T_{min} \leqslant 4\ ℃$。

式中,T_{min} 为日最低气温,ΔT_{min24} 为日最低气温 24 h 内降温幅度,ΔT_{min48} 为日最低气温 48 h 内降温幅度,ΔT_{min72} 为日最低气温 72 h 内降温幅度。

6.1.2.2 冷空气过程统计标准

冷空气过程:以冷空气(寒潮)等级达到中等及以上强度作为冷空气过程的开始日期,以其后连续降温的末日作为冷空气过程的结束日期。

冷空气过程持续日数:冷空气过程开始日期到结束日期所经历的日数。

冷空气过程累计降温幅度:冷空气过程中日最低气温总降温幅度。

冷空气过程日最大降温幅度:冷空气过程中日最低气温 24 h 降温幅度最大值。

6.1.2.3 霜冻统计标准

霜冻:春季日平均气温稳定通过 5 ℃ 以后至秋季日平均气温稳定通过 5 ℃ 以前,日最低气温 24 h 内降温幅度在 4 ℃以上，或 48 h 内降温幅度在 6 ℃以上，且日最低气温≤2 ℃。

6.1.2.4 霜冻过程统计标准

霜冻过程：以日最低气温 24 h 内降温幅度在 4 ℃以上，或 48 h 内降温幅度在 6 ℃以上，且日最低气温≤2 ℃作为霜冻过程的开始日期，以其后连续降温的末日作为霜冻过程的结束日期。

霜冻过程持续日数：霜冻过程开始日期到结束日期所经历的日数。

霜冻过程累计降温幅度：霜冻过程中日最低气温总降温幅度。

霜冻过程日最大降温幅度：霜冻过程中日最低气温 24 h 降温幅度最大值。

6.2 低温致灾危险性评估技术方法

6.2.1 致灾因子选取

收集、整理承德市 9 个国家气象观测站低温灾害历史灾情，利用灾情指标计算灾损指数，利用灾损指数与冷空气(寒潮)、霜冻过程中气象指标间的相关性分析，选择通过显著性检验($\alpha=0.05$)的气象指标作为低温灾害致灾因子。

6.2.2 致灾危险性评估方法

利用加权相加法计算承德市 9 个国家气象观测站各地低温致灾危险性指数，计算公式如下：

$$H_{cold}=A\times F_{actor1}+B\times F_{actor2}+C\times F_{actor3}+D\times F_{actor4} \tag{6.1}$$

式中，H_{cold} 为低温危险性指数，F_{actor1}、F_{actor2}、F_{actor3}、F_{actor4} 为 1978—2020 年低温灾害致灾因子统计结果归一化值，A、B、C、D 为权重系数，由信息熵赋权法确定。

6.3 低温致灾危险性分析与评估

6.3.1 冷空气(寒潮)时空特征分析

以 1978—2020 年承德市 9 个国家气象观测站逐日最低气温资料为基础，统计逐日 24 h、48 h、72 h 日最低气温变温，确定冷空气(寒潮)等级，在此基础上，统计各县(市、区)逐次冷空气过程开始日期、结束日期、持续日数、过程累计降温幅度、过程最大日降温幅度、过程最低气温等信息，分析冷空气(寒潮)过程时间和空间分布特征。

6.3.1.1 时间分布特征

1978—2020 年承德市逐年冷空气(寒潮)过程出现次数在 24.4～37.8 次，多年平均 32.2 次，2006 年最多，为 37.8 次，2007 年最少，为 24.4 次(图 6.1)。

1978—2020 年承德市逐年冷空气(寒潮)过程最长持续日数在 2.6～4.6 d，多年平均 3.5 d，1979 年、1982 年最长，为 4.6 d，2004 年最短，为 2.6 d(图 6.2)。

1978—2020 年承德市逐年冷空气(寒潮)过程最大日降温幅度在 9.1～13.0 ℃，多年平均 10.7 ℃，2001 年最大，为 13.0 ℃，2011 年最小，为 9.1 ℃(图 6.3)。

1978—2020 年承德市逐年冷空气(寒潮)过程最大累计降温幅度在 13.0～21.2 ℃，多年平均 15.5 ℃，1979 年、2016 年最大，为 21.2 ℃，2017 年最小，为 13.0 ℃(图 6.4)。

1978—2020 年承德市逐年冷空气(寒潮)过程最低气温在 −27.4～−18.8 ℃，多年平均 −22.4 ℃。1995 年最高，为 −18.8 ℃，2010 年最低，为 −27.4 ℃(图 6.5)。

1978—2020 年承德市冷空气(寒潮)主要出现在 9 月至次年 5 月，其中，10—11 月冷空气(寒潮)出现日数较多,月平均冷空气(寒潮)出现日数在 6 d 以上,12 月至次年 5 月次之,在 4 d 以上(图 6.6)。

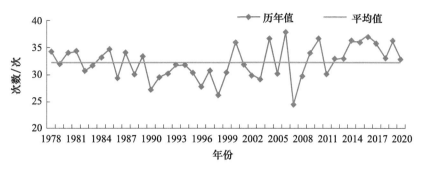

图 6.1　1978—2020 年承德市逐年冷空气(寒潮)过程出现次数及平均值

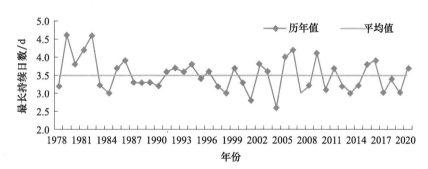

图 6.2　1978—2020 年承德市逐年冷空气(寒潮)过程最长持续日数及平均值

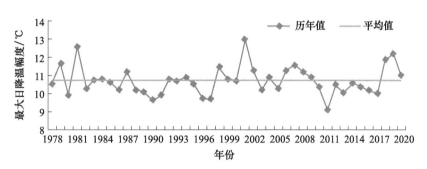

图 6.3　1978—2020 年承德市逐年冷空气(寒潮)过程最大日降温幅度及平均值

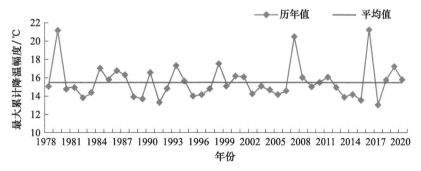

图 6.4　1978—2020 年承德市逐年冷空气(寒潮)过程最大累计降温幅度及平均值

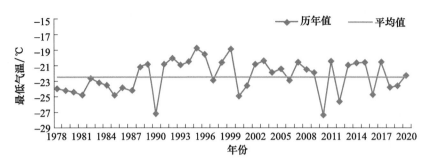

图 6.5 1978—2020 年承德市逐年冷空气(寒潮)过程最低气温及平均值

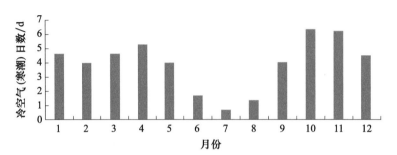

图 6.6 1978—2020 年承德市逐月平均冷空气(寒潮)出现日数

6.3.1.2 空间分布特征

1978—2020 年承德市年最多冷空气(寒潮)过程在 32.8~51.5 次,总体上呈由中部向东西两侧递增分布特征,丰宁西部、隆化小部和围场小部分地区较多,在 46.8~51.5 次,双桥区、双滦区、营子区和兴隆县大部以及宽城县西部地区较少,在 32.8~39.8 次(图 6.7)。

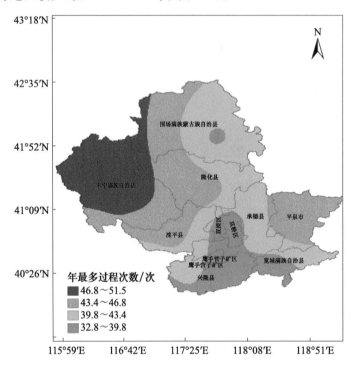

图 6.7 1978—2020 年承德市年最多冷空气(寒潮)过程出现次数分布图

1978—2020 年承德市冷空气(寒潮)过程最长持续日数在 4.9~8.0 d,总体上呈由东向西递减的分布特征,平泉大部较长,在 7.0~8.0 d,承德县南部、宽城中西部、营子区和兴隆县等地区较短,在 4.9~5.6 d(图 6.8)。

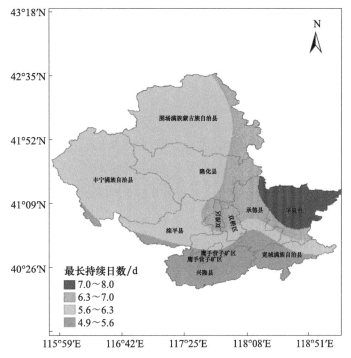

图 6.8 1978—2020 年承德市冷空气(寒潮)过程最长持续日数空间分布图

1978—2020 年承德市冷空气(寒潮)过程最大日降温幅度在 12.0～17.3 ℃,总体上呈由西北向东南递减的分布特征,丰宁北部、隆化西部和围场西部地区较大,在 15.9～17.3 ℃,承德县南部、平泉中南部、兴隆东部和宽城等地区较小,在 12.0～13.9 ℃(图 6.9)。

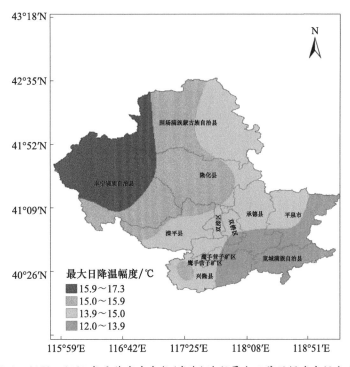

图 6.9 1978—2020 年承德市冷空气(寒潮)过程最大日降温幅度空间分布图

1978—2020 年承德市冷空气(寒潮)过程最大累计降温幅度在 19.5～27.9 ℃,总体上呈中部低两侧高的分布特征,丰宁西北部地区较大,在 25.4～27.9 ℃,兴隆、营子区、双桥区和双滦区以及宽城西部地区较小,在 19.5～22.3 ℃(图 6.10)。

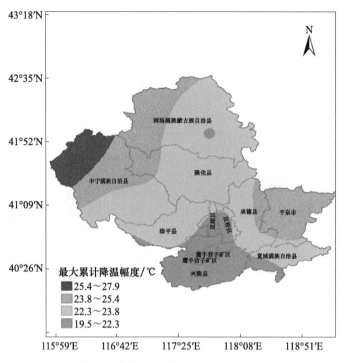

图 6.10　1978—2020 年承德市冷空气(寒潮)过程最大累计降温幅度空间分布图

　　1978—2020 年承德市冷空气(寒潮)过程最低气温在−37.2～−25.5 ℃,总体上呈由北向南递增的分布特征,丰宁和围场坝上地区较低,在−37.2～−33.2 ℃,丰宁、隆化、承德县和平泉等地的带状区域以南气温较高,在−28.8～−25.5 ℃(图 6.11)。

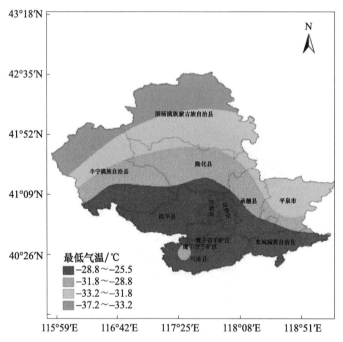

图 6.11　1978—2020 年承德市冷空气(寒潮)过程最低气温空间分布图

6.3.2　霜冻时空特征分析

　　以 1978—2020 年承德市 9 个国家气象观测站逐日平均气温为基础,统计逐年各站春季、秋季稳定通过 5 ℃的日期;以逐日最低气温资料为基础,统计逐日最低气温变温,在此基础上,以霜冻过程统计标准为依据,统计各站逐次霜冻过程开始日期、结束日期、持续日数、过程最大日降温幅度、过程最大累计降温幅度、过程最低气温等信息,分析承德市霜冻时间、空间分布特征。

6.3.2.1　时间分布特征

1978—2020 年承德市逐年霜冻过程出现次数在 3.7~11.4 次,多年平均为 7.7 次,2005 年最多,为 11.4 次,1993 年最少,为 3.7 次(图 6.12)。

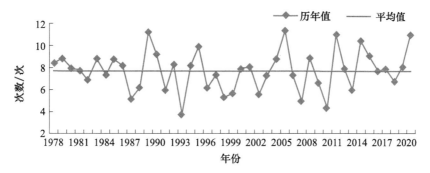

图 6.12　1978—2020 年承德市逐年霜冻过程出现次数及平均值

1978—2020 年承德市逐年霜冻过程最长持续日数在 1.3~2.4 d,多年平均为 1.9 d,1996 年最长,为 2.4 d,1993 年最短,为 1.3 d(图 6.13)。

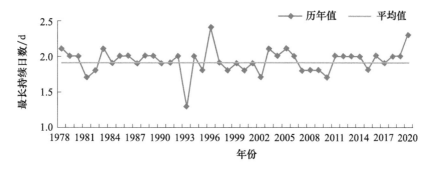

图 6.13　1978—2020 年承德市逐年霜冻过程最长持续日数及平均值

1978—2020 年承德市逐年霜冻过程最大日降温幅度在 7.3~11.6 ℃,多年平均为 9.1 ℃,2019 年最大,为 11.6 ℃,1997 年最小,为 7.3 ℃(图 6.14)。

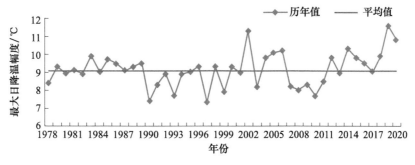

图 6.14　1978—2020 年承德市逐年霜冻过程最大日降温幅度及平均值

1978—2020 年承德市逐年霜冻过程最大累计降温幅度在 8.8~15.3 ℃,多年平均为 12.3 ℃,2001 年最大,为 15.3 ℃,1993 年最小,为 8.8 ℃(图 6.15)。

1978—2020 年承德市霜冻主要出现在 3—4 月和 10—11 月,其中,10 月、4 月霜冻日数最多,在 1.3 d 以上(图 6.16)。

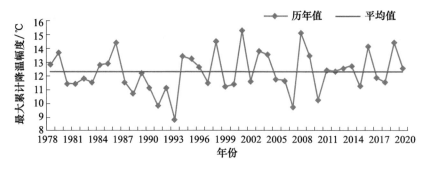

图 6.15 1978—2020 年承德市逐年霜冻过程最大累计降温幅度及平均值

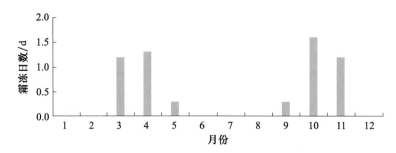

图 6.16 1978—2020 年承德市逐月平均霜冻出现日数

6.3.2.2 空间分布特征

1978—2020 年承德市年最多霜冻过程在 11～16 次,总体上呈由西南向东北递减的分布特征,丰宁大部和滦平大部较多,在 14.4～16.0 次,围场中东地区较少,在 11.0～12.2 次(图 6.17)。

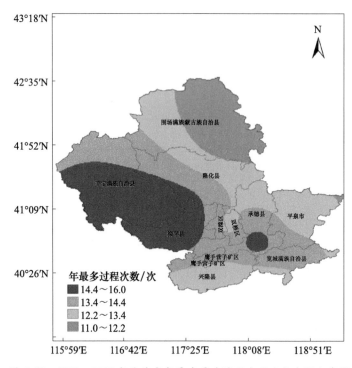

图 6.17 1978—2020 年承德市年最多霜冻过程出现次数空间分布图

1978—2020 年承德市霜冻过程最长持续日数在 2～3 d,总体上差异不大(图 6.18)。

1978—2020 年承德市霜冻过程最大日降温幅度在 10.3～15.8 ℃,大体上呈北高南低的分布特征,丰宁小部、滦平小部和隆化大部地区较大,在 14.1～15.8 ℃,双桥区、营子区、兴隆县大部和宽城县大部以及承德县小部地区较小,在 10.3～12.0 ℃(图 6.19)。

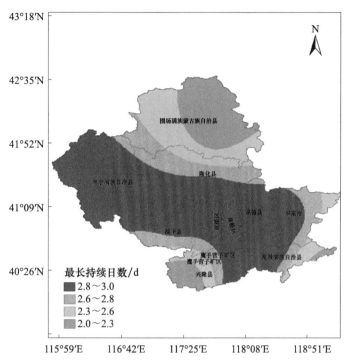

图 6.18　1978—2020 年承德市霜冻过程最长持续日数空间分布图

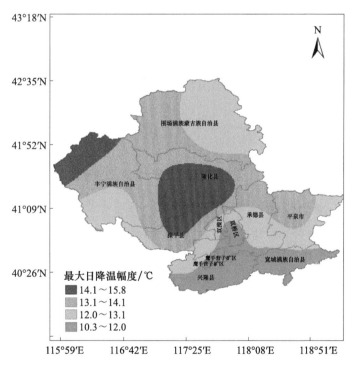

图 6.19　1978—2020 年承德市霜冻过程最大日降温幅度空间分布图

1978—2020 年承德市霜冻过程最大累计降温幅度在 14.2～21.0 ℃,总体上呈北高南低的分布特征,丰宁和围场坝上地区较大,在 19.5～21.0 ℃,营子区、兴隆县和宽城县以及双桥和双滦区部分地区较小,在 14.2～16.9 ℃(图 6.20)。

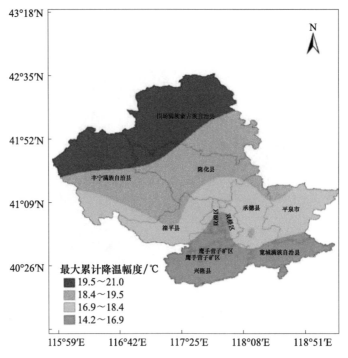

图 6.20　1978—2020 年承德市霜冻过程最大累计降温幅度空间分布图

6.3.3　致灾危险性评估

历史灾情统计结果显示,承德市低温冷冻灾害主要出现在 9 月至次年 5 月日最低气温下降到 3 ℃以下的中等及以上强度冷空气过程中,以符合上述条件的冷空气过程气象指标和灾情指标进行相关性分析,筛选致灾因子,结果表明,冷空气过程出现次数、过程累计降温幅度、过程最大日降温幅度和过程最低气温绝对值的累计值与低温灾害灾情指标间的相关性最好,均通过 $\alpha=0.05$ 显著性检验,选用上述指标作为承德市 1978—2020 年低温灾害致灾因子,利用信息熵赋权法确定 4 个指标的权重系数(表 6.1)。

表 6.1　承德市低温灾害致灾因子权重系数

指标名称	冷空气过程出现次数	过程累计降温幅度之和	过程最大日降温幅度之和	过程最低气温绝对值之和
权重系数	0.45	0.30	0.04	0.21

按照本章 6.2.2.1 要求构建承德市低温致灾危险性指数计算公式,计算承德市低温致灾危险性指数,按照本章 6.2.2.2 要求绘制低温致灾危险性分区图。

承德市低温致灾危险性分区结果表明,承德市低温灾害致灾危险性总体上呈由北向南递减的趋势,其中,丰宁和围场坝上以及隆化西北部地区低温灾害致灾危险性等级为高;丰宁南部、围场中东部、隆化大部、滦平北部和平泉北部以及承德县北部地区致灾危险性等级为较高;滦平南部、承德县中部、双滦区西部、兴隆县西部及平泉南部和宽城北部地区低温灾害致灾危险性等级为较低;双滦区东部、双桥区、承德县南部、兴隆县大部和宽城大部地区危险性等级为低(图 6.21)。

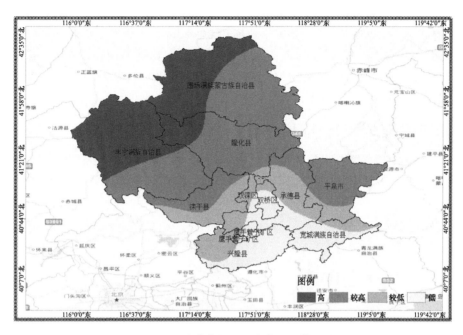

图 6.21　承德市低温致灾危险性等级图

6.4　典型低温灾害事件

6.4.1　事件 1(2012 年 8 月 22 日)

2012 年 8 月 22 日,丰宁县外沟门乡、鱼儿山镇、四岔口乡遭受低温冻害,据乡镇上报数据统计表明,23 个行政村受灾,受灾耕地面积 3933 hm²,绝收耕地面积 1800 hm²,造成直接经济损失 4635 万元(图 6.22)。

图 6.22　2012 年 8 月 22 日丰宁县坝上金莲花遭受冻害(图片来源:丰宁县气象局)

6.4.2　事件 2(2014 年 5 月 3—5 日)

2014 年 5 月 3—5 日,受强冷空气影响,承德市北部县(市、区)出现大范围大风、强降温天气。4—5 日坝下乡镇最低气温都在 0 ℃以下,其中丰宁县南部最低气温为－4.1 ℃,丰宁坝上地区最低气温为－8.6 ℃,丰宁极大风速高达 27.1 m/s。此次寒潮天气过程持续时间长,降温幅度大,丰宁、围场、隆化和滦平大部分乡镇均遭遇低温冷冻灾害,致使大面积农作物幼苗受冻死亡,林果开花、坐果时被冻坏,将严重减产,部分农业基础设施遭到损坏。据统计,丰宁受灾耕地面积 9024 hm²,成灾耕地面积 2080 hm²,造成直接经济损失 1660.6 万元,其中,农业损失 1652.6 万元。隆化县农作物受灾面积 10684 hm²,成灾面积 4811 hm²,果树减产 75 万 kg,造成直接经济损失 2475 万元,其中农业经济损失 2347 万元。滦平县受灾耕地面积 4525 hm²,造成直接经济损失 3440 万元。

6.4.3 事件3(2015 年 4 月 11—12 日)

2015 年 4 月 11—12 日,兴隆县出现较强降水,降水过后气温骤降,部分乡镇果树遭受低温冻害,其中上石洞乡受灾最为严重,356 人受灾,受灾面积 20 hm²,造成果树(以杏树为主)不同程度受损(图 6.23)。

图 6.23 兴隆县杏花受冻枯萎(图片来源:兴隆县气象局)

6.4.4 事件4(2016 年 5 月 12 日)

2016 年 5 月 12 日夜间,隆化县部分乡镇遭受低温冷冻灾害,致使大面积农作物受冻,农作物冻死需毁地重新耕种。本次灾害共涉及步古沟镇、山湾乡、八达营乡 37 个行政村,其中受灾较为严重的是步古沟镇碑梁、东曹碾沟、南岔、北岔 4 个村;山湾乡庄头营村、苗子沟村、皮匠营村 3 个村;八达营乡上窑村、东沟村、三截地村;农作物受灾面积 3810 hm²,成灾面积 2300 hm²,其中 130 hm² 农作物需要毁种,受灾农作物主要为玉米和谷子,本次灾害共造成农业直接经济损失 240 万元(图 6.24)。

图 6.24 隆化县被冻死的玉米苗(图片来源:隆化县气象局)

第 7 章

高温致灾危险性评估

气象上一般以日最高气温≥35 ℃作为高温的标准,高温热浪通常指持续多天35 ℃以上的高温天气。持续高温是一种较常见的气象灾害,当高温出现持续性和极端性时,便成了自然灾害,会造成人员中暑、农作物土壤水分蒸发引发旱情、森林火灾发生风险升高等事件发生,对于人体健康、生态环境、国民经济都会有严重影响。自有气象记录以来,承德市出现了"00·7""02·7"等高温过程,极端最高气温均超过39.5 ℃,严重影响了人民生命财产安全。承德市高温天气在5—9月均有出现,多集中在6月和7月。中南部地区高温过程较多,极端最高气温较高,高温灾害致灾危险性较高。

7.1 数据制备与处理方法

7.1.1 数据制备

气象数据:选取承德市9个国家气象观测站1978—2020年逐日最高气温,数据来源于河北省气象局。

7.1.2 处理方法

高温:日最高气温达到或超过35 ℃以上的天气现象。为了突出持续时间对高温过程的影响,将连续3 d及以上最高气温≥35 ℃作为一个高温过程。

高温灾害危险性是指当高温气象过程异常或超常变化达到某个临界值时,给经济社会系统造成破坏的可能性(参照 DB50/T 583.3—2015)。

7.2 高温致灾危险性评估技术方法

7.2.1 致灾因子选取

根据高温灾害风险普查技术规范 V10 版推荐的华北区域参考列表,结合承德市的实际特点,综合确定了高温灾害的致灾因子:

35℃以上高温日数:气温超过35 ℃以上高温日数的平均值。

38℃以上高温日数:气温超过38 ℃以上高温日数的平均值。

极端最高气温:日最高气温的极大值。

平均最高气温:气温超过35 ℃以上高温天气的日最高气温平均值。

7.2.2 致灾危险性评估方法

将承德市 35 ℃以上高温日数、38 ℃以上高温日数、极端最高气温和平均最高气温 4 个致灾因子进行均一化处理,根据高温灾害风险普查技术规范 V10 版推荐的华北区域参考权重附表(35 ℃以上高温日数、38 ℃以上高温日数、极端最高气温、平均最高气温的权重分别为:0.1、0.2、0.4、0.3),承德市高温致灾危险性指数为:

$$Q_H = 0.1 \times Q_{H1} + 0.2 \times Q_{H2} + 0.4 \times Q_{H3} + 0.3 \times Q_{H4} \qquad (7.1)$$

式中,Q_H 为高温致灾危险性指数,Q_{H1}、Q_{H2}、Q_{H3}、Q_{H4} 分别为标准化处理的高温危险性评价指标,35 ℃以上高温日数、38 ℃以上高温日数、极端最高气温、平均最高气温 4 个致灾因子。计算得到各站高温灾害危险性指数。

7.3 高温致灾危险性分析与评估

7.3.1 时空特征分析

7.3.1.1 时间分布特征

1978—2020 年承德市 35 ℃以上高温日数在 0.0~16.0 d,最大值为 16.0 d,出现在 2000 年,1979 年和 1985 年未出现高温天气(图 7.1)。

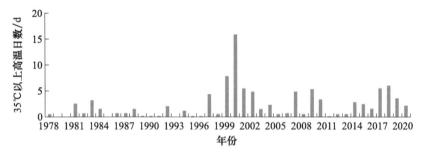

图 7.1 1978—2020 年承德市逐年 35 ℃以上高温日数分布图

1978—2020 年承德市极端最高气温在 34.0~43.3 ℃,最大值为 43.3 ℃,出现在 2000 年(图 7.2)。

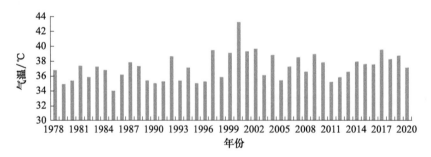

图 7.2 1978—2020 年承德市极端最高气温分布图

1978—2020 年承德市 35 ℃以上高温出现在 5—8 月,主要集中在 6—7 月,6 月 35 ℃以上平均高温日数最多,为 5.5 d(图 7.3)。

1978—2020 年承德市逐月极端最高气温在 12.2~43.3 ℃,最大值出现在 7 月,为 43.3 ℃(图 7.4)。

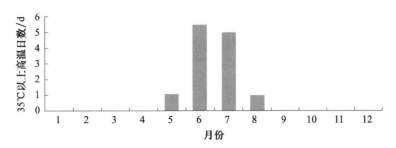

图 7.3　1978—2020 年承德市 35 ℃以上高温日数逐月分布图

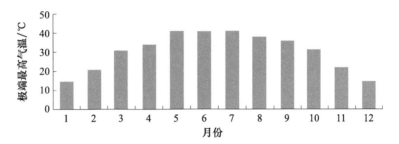

图 7.4　1978—2020 年承德市逐月极端最高气温分布图

7.3.1.2　空间分布特征

1978—2020 年,承德市 35 ℃以上高温日数呈北低南高的分布特征,双滦大部、双桥、承德县大部、兴隆东部和宽城小部地区 35 ℃以上高温日数较多,在 3.6~5.2 d,围场大部、丰宁北部和隆化小部等地区 35 ℃以上高温日数较少,少于 1.1 d(图 7.5)。

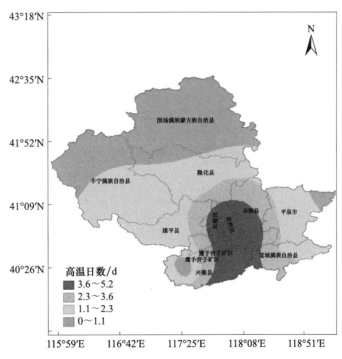

图 7.5　1978—2020 年承德市 35 ℃以上高温日数空间分布图

1978—2020 年承德市极端最高气温呈东高西低的分布特征,双滦大部、双桥、承德县大部和平泉大部等地区极端最高气温较高,在 41.1~43.3 ℃,丰宁小部、围场小部、滦平小部和兴隆西部等地区极端最高气温较低,在 36.7~38.9 ℃(图 7.6)。

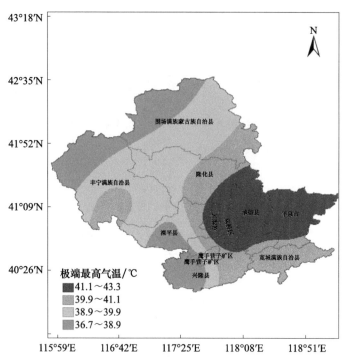

图 7.6　1978—2020 年承德市极端最高温度空间分布图

7.3.2　致灾危险性评估

计算得到各站的高温致灾危险性指数后,通过 GIS 进行差值计算,绘制承德市高温灾害危险性区划图(图 7.7),绘制标准见表 7.1。

表 7.1　高温致灾危险性等级、级别含义和表征颜色

风险级别	级别含义	表征颜色	色值			
			C	M	Y	K
Ⅰ级	高		20	90	65	20
Ⅱ级	较高		20	85	100	0
Ⅲ级	较低		0	55	80	0
Ⅳ级	低		0	30	85	0

承德市高温致灾危险性分区结果表明,承德市高温致灾危险性总体上呈由东南向西北递减的分布特征。丰宁北部和围场北部高温致灾危险性等级低,丰宁南部、围场南部、隆化西部、滦平西部等高温致灾危险性等级较低,丰宁西南部、隆化东部、滦平东部、营子区东部、兴隆大部、承德县、平泉和宽城高温致灾危险性等级较高或高,其中双滦、双桥、承德县大部、平泉西部和兴隆东部等高温致灾危险性等级高(图 7.7)。

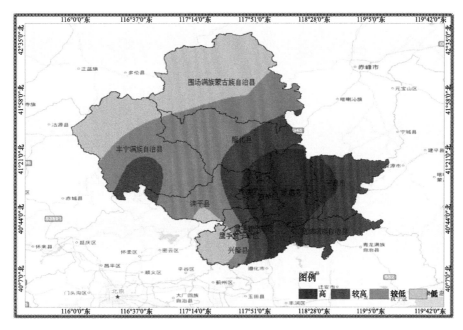

图 7.7　承德市高温致灾危险性等级图

7.4　典型高温灾害事件

7.4.1　事件 1(2000 年 7 月 14 日)

2000 年 7 月 14 日,承德市大部分县(市、区)出现高温天气。除兴隆外,各县(市、区)均出现 40 ℃以上高温,市辖区极端最高气温达 43.3 ℃,这是承德市自有气象记录以来的历史极值。

酷热天气给工农业生产和人们日常生活带来很大影响。由于水分蒸发加剧,全市遭遇严重干旱,农作物受灾严重,大面积绝收。据统计,全市农作物受灾面积达 25 万 hm²,成灾面积 23.4 万 hm²。高温影响期间,医院收治因酷热、空调温度过低而造成户外中暑和感冒发烧病人急剧增加,一些儿童因喝冷水、冷饮过多及饮食不卫生等引起食欲不振、胃肠型感冒、肚痛、腹泻,中老年患者因高温闷热而诱发心脑血管疾病等。

第 8 章

台风致灾危险性评估

台风属于热带气旋,是一种发生在热带或副热带海洋上的气旋性涡旋。台风一旦北上,常造成我国北方和黄渤海暴雨、强风、风暴潮灾害。台风影响主要发生在 7—9 月,台风对承德市的影响主要以强降雨和大风为主,宽城、兴隆和平泉等地台风灾害危险性较高。

承德市自有气象记录以来至 2020 年,共有 22 次北上台风影响承德市,平均 2 年有一次台风影响,2018 年最多,为 3 个。其中 2018 年 7 月的台风共造成 48108 人受灾,直接经济损失 0.94 亿元,农作物受灾面积高达 2611 hm²。

8.1 数据制备与处理方法

8.1.1 数据来源

台风路径数据:选取中国气象局上海台风所台风最佳路径资料。

气象数据:选取承德市 9 个国家气象观测站 1951 年以来到 2020 年台风影响时逐日降水量和日最大风速资料,数据来源于河北省气象信息中心。

8.1.2 相关术语

本书中用到的一些术语标准如下。

(1)热带气旋:生成于热带或副热带洋面上,具有组织的对流和确定的气旋性环流的非锋面性涡旋的统称,分热带低压、热带风暴、强热带风暴、台风、强台风和超强台风 6 个等级(《热带气旋等级》(GB/T 19201—2006)定义 2.1)。

(2)北上台风:北上台风通常是指进入我国华北、东北地区或在北方近海北上的热带气旋。目前北上台风大多以进入以北纬 30°为南界,以 (30°N , 125°E)和(35°N , 130°E)两点连线为东南边界,以东经 130°为东界所围区域的热带气旋定义为北上台风。

(3)河北台风影响关键区:北上台风的区域中以 32°N 为南界、123°E 为东界的区域定为河北台风影响关键区,统计分析表明北上台风进入该区域对河北有明显影响。

8.2 台风致灾危险性评估技术方法

8.2.1 致灾因子选取

台风致灾因子包括风致灾因子和雨致灾因子。以台风影响过程内日最大风速为风致灾因子,以过程降水量、过程内日最大降水量为雨致灾因子。

当某次北上台风进入河北台风影响关键区,评估区域中气象站(以国家气象站代表台站)观测风、雨任一致灾因子数值达到评估起点条件时,则认为评估区域受到此次台风影响,则该台风定为影响评估区域台风事件。

8.2.2　致灾危险性评估方法

1. 评估起点及区间划分

按照《河北省气象灾害综合风险普查实施细则》,确定致灾因子过程最大风速(MW)评估起点为 8 m/s,过程累积降水量(AP)和过程最大日降水量(MP)评估起点均为 30 mm,并将台风过程最大风速(MW)、过程累积降水量(AP)、过程最大日降水量(MP)等因子按表 8.1 划分等级区间。

表 8.1　各致灾因子等级区间

	区间 1	区间 2	区间 3	区间 4	区间 5
$MW/(\text{m}\cdot\text{s}^{-1})$	$[8,10.8)$	$[10.8,17.2)$	$[17.2,24.5)$	$[24.5,32.7)$	$\geqslant 32.7$
AP/m	$[30,70)$	$[70,150)$	$[150,250)$	$[250,400)$	$\geqslant 400$
MP/mm	$[30,50)$	$[50,100)$	$[100,200)$	$[200,250)$	$\geqslant 250$

2. 致灾危险性指数

采用加权综合评价法计算台风致灾因子危险性指数,计算公式如下:

$$H_{\text{azard}} = \alpha \times H(M_{\text{W}}) + \beta \times \left[\frac{H(A_{\text{P}})+H(M_{\text{P}})}{2}\right] \tag{8.1}$$

式中,$H(M_{\text{W}})$、$H(A_{\text{P}})$、$H(M_{\text{P}})$ 分别为 MW、AP、MP 危险性,α、β 分别为风、雨因子危险性权重,其中

$$H(M_{\text{W}}) = \sum_{i=1}^{5}(w_i \times P(i)) \tag{8.2}$$

式中,$i=1,\cdots,5$ 为表 8.1 划分的等级区间,为第 i 区间的权重系数,w_i 为第 i 区间的累积概率,这里累积概率计算采用信息扩散技术。

$H(A_{\text{P}})$、$H(M_{\text{P}})$ 计算方法同(8.2)式。

由于承德市各县(市、区)样本较少,风、雨因子权重系数以及风、雨因子各等级区间权重系数参照国家级方案:风因子权重系数 $\alpha=0.4$,雨因子权重系数 $\beta=0.6$,各因子等级区间权重系数如表 8.2 所示。

表 8.2　台风致灾因子等级区间权重系数

	区间 1	区间 2	区间 3	区间 4	区间 5
MW	0.09	0.15	0.28	0.48	1
AP	0.04	0.16	0.33	0.47	1
MP	0.09	0.18	0.30	0.43	1

8.3　台风致灾危险性分析与评估

8.3.1　时空特征分析

8.3.1.1　时间分布特征

承德市气象站建站以来(1951—2020 年),影响承德市的北上台风共 22 个,2018 年最多,为 3 个(图 8.1)。台风过程主要集中在 7—9 月,7 月 10 次、8 月 11 次、9 月 1 次(图 8.2)。

8.3.1.2　空间分布特征

利用承德市共 9 个国家气象站数据,通过 ArcGIS 利用克里金插值计算,得到影响承德市台风次数的

空间分布图（图8.3）。分析可见，承德市受台风影响次数空间上呈东南向西北递减的分布特征，受影响最多区域主要集中在平泉和宽城，为12.1～18.1次。其次为兴隆大部、营子区、双滦区和双桥区，为11.1～12.1次。围场大部、丰宁大部和隆化大部台风影响次数为9.1次及以下。

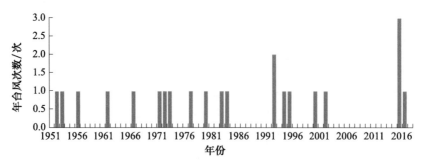

图8.1　1951—2020年影响承德市台风次数年变化图

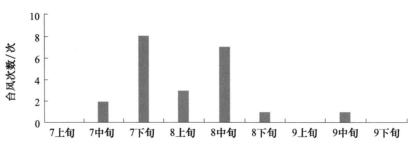

图8.2　1951—2020年影响承德市台风次数7—9月各旬变化图

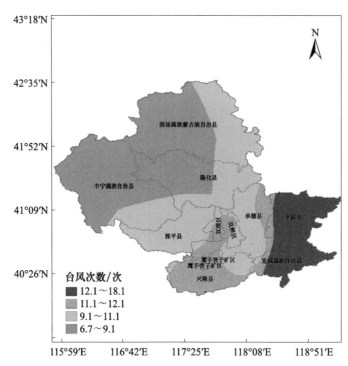

图8.3　1951—2020年影响承德市台风次数空间分布图

8.3.1.3　风雨影响特征分析

台风对承德市的影响以强降水为主，22个过程中9个国家气象站有42站次过程出现暴雨（日降水量≥50 mm），占比约43.8%，其中大暴雨（日降水量≥100 mm）过程有13站次，台风影响最大过程累计降水量和最大日降水量分别为317.5 mm和258.0 mm。台风影响日最大风速达5级（8 m/s）以上的有23站次过程,占比 27.7%,日最大风力达 6 级(10.8 m/s)以上的有 5 站次过程,占比 6.0%(22 次过程中有 13 站次过程风速资料缺测,总过程按 83 站次计算)。

利用承德市共 9 个国家气象站数据,通过 ArcGIS 利用克里金值插值,得到影响承德市台风过程中的最大风速、最大累计雨量、最大日雨量空间分布情况。台风过程最大风速空间上呈由西北向东南递减的分布特征,丰宁大部和围场小部风速较大,为 12.9～13.8 m/s,承德县、隆化小部、平泉西部、营子区、滦平南部和兴隆等风速较小,为 6.1～10.5 m/s(图 8.4)。台风过程最大过程累计雨量空间上呈由南向北递减的分布特征,平泉东部、宽城大部、兴隆和营子区等较大,为 233.0～388.8 mm,丰宁大部、围场大部和隆化小部较小,为 40.0～117.3 mm(图 8.5)。台风过程最大日雨量空间上呈由南向北递减的分布特征,平

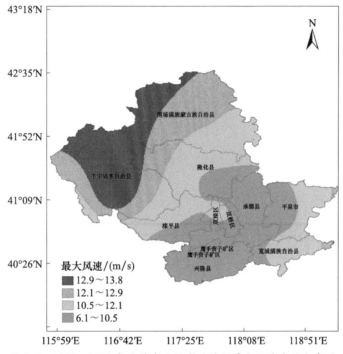

图 8.4　1951—2020 年承德市台风影响过程最大风速空间分布图

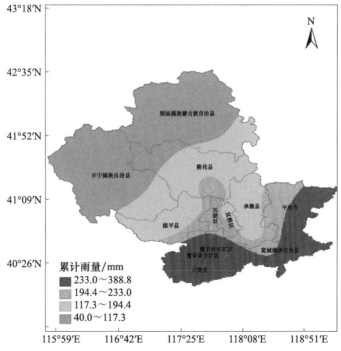

图 8.5　1951—2020 年承德市台风影响最大过程累计雨量空间分布图

泉东部、宽城大部、兴隆和营子区等较大,为173.6～315.2 mm,丰宁大部、围场大部和隆化小部较小,为25.2～78.6 mm(图8.6)。

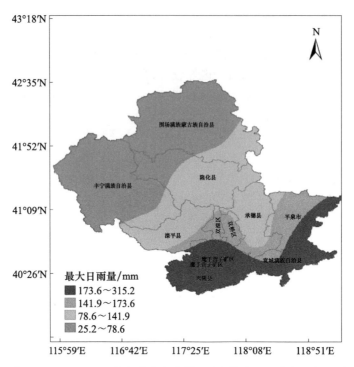

图8.6　1951—2020年承德市台风影响过程最大日雨量空间分布图

8.3.2　致灾危险性评估

基于承德市台风致灾危险性指数计算结果,利用克里金插值方法对台风灾害致灾危险性指数进行空间插值,利用标准差方法将致灾危险性指数划分为4个等级,用不同颜色标示,得到台风致灾危险性分区图。台风致灾危险性等级、级别含义、分级标准和标示颜色CMYK值见表8.3。

表8.3　台风致灾危险性等级、级别含义、分级标准和标示颜色

风险级别	级别含义	标准	表征颜色	色值			
				C	M	Y	K
Ⅰ级	高等级	$H_{azard} \geqslant (a_{ve}+s)$		95	75	75	0
Ⅱ级	中高等级	$(a_{ve}+0.5 \cdot s) \leqslant H_{azard} < (a_{ve}+s)$		75	60	65	0
Ⅲ级	中低等级	$(a_{ve}-0.5 \cdot s) \leqslant H_{azard} < (a_{ve}+0.5 \cdot s)$		40	25	30	0
Ⅳ级	低等级	$H_{azard} < (a_{ve}-0.5 \cdot s)$		25	10	15	0

注:a_{ve}和s为所有统计单元内危险性为非0值集合的平均值和标准差。

承德市台风致灾危险性分区结果表明,承德市台风致灾危险性空间上呈自南向北递减的分布特征。台风灾害高危险性区域主要在宽城、兴隆、营子区和平泉东部等区域,而丰宁大部、围场大部和隆化西北部区域台风灾害危险性低,其他地区介于两者之间(图8.7)。

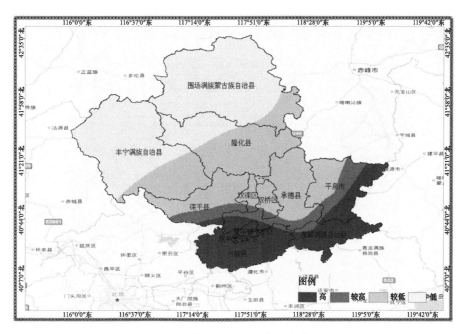

图 8.7　承德市台风致灾危险性等级图

8.4　典型台风灾害事件

8.4.1　事件 1(1984 年 8 月 10 日)

1984 年 8 月 10 日,受 8407 号台风影响,承德市中南部各县(市、区)出现强降雨天气,其中兴隆、宽城、承德县、平泉出现了大暴雨。宽城县过程降水量最大为 166.1 mm,降水中心在汤道河、亮甲台、东黄花川、东大地等地,全县冲毁耕地 632 hm²,水冲沙压 1467 hm²,淹没青苗 767 hm²,冲走树木 36.1 万棵,冲毁小型水库 1 座,冲毁大坝 7.13 万 m,倒塌房屋 1774 间,冲走猪 19 头、羊 76 只,死亡 4 人。承德县上板城有 38 个村受灾,农作物受灾面积 2627 hm²,绝收面积 547 hm²。

8.4.2　事件 2(2017 年 8 月 2—3 日)

2017 年 8 月 2—3 日,承德市受高空槽与减弱台风低压外围暖湿气流共同影响,出现强降雨天气。全市共有 125 个乡镇降水量大于 25 mm,其中 81 个乡镇大于 50 mm,53 个乡镇大于 100 mm,6 个乡镇大于 200 mm,最大降水出现在兴隆县西台子村,为 270 mm。强降雨造成部分县(市、区)出现严重洪涝灾害,泥石流、山体滑坡等地质灾害,全市水、电、路、桥、通信等基础设施严重损毁,给人民群众生命和财产安全造成严重损失。全市有 6 个县(市、区)60 个乡镇上报灾情,受灾人口 121011 人,紧急转移安置 5043 人,其中集中安置 1654 人,分散安置 3389 人,需紧急生活救助 1479 人;农作物受灾面积 4833 hm²,其中绝收 597 hm²,毁坏耕地 249 hm²;倒塌房屋 44 间,严重损坏 143 间,一般性损坏 4068 间;直接经济损失 26588 万元,其中农业损失 9039 万元,工矿企业损失 991 万元,基础设施损失 14125 万元,公益设施损失 398 万元,家庭财产损失 2029 万元(图 8.8)。

8.4.3　事件 3(2018 年 7 月 23—24 日)

受高空槽、减弱台风"安比"和副热带高压共同影响,2018 年 7 月 23 日夜间至 24 日夜间,承德市出现了强降雨天气过程,全市平均降雨量 65.1 mm,共有 100 个乡镇降雨量大于 50 mm,其中 28 个乡镇大于 100 mm,4 个乡镇超过 150 mm,最大降雨量出现在宽城县汤道河镇,为 181 mm。中南部县(市、区)多个乡镇发生了山洪,全市受灾人口共48108人,农作物受灾面积2611.4 hm²,其中绝收面积516.3 hm²;房屋倒塌58间,严重受损282间,一般损坏1459间;直接经济损失9473.95万元(图8.9)。

图8.8　兴隆县转移群众(图片来源:兴隆县气象局)

图8.9　洪水进入滦平县居民家中(图片来源:承德市气象局)

第 9 章

雪灾致灾危险性评估

雪灾是指由于长时间大规模降雪以致积雪成灾,影响人们正常生活的一种自然灾害现象。降雪天气会造成路面湿滑,给交通带来较大影响,甚至造成断交。降雪天气会使处于生长发育期的花、幼果、蔬菜、小麦等受灾甚至死亡。长时间积雪会给牛羊觅食造成困难,严重时会造成大量牛羊死亡。降雪量较大时,会压塌民房、棚室,毁坏通信、输电等设施。承德市降雪天气出现在 10 月至次年 4 月,年最大过程降雪量 32.9 mm,积雪日数极大值为 76.8 d,最大积雪深度 20.2 cm。

9.1 数据制备与处理方法

9.1.1 数据来源

气象数据为承德市 9 个国家地面气象观测站(1978—2020 年)基本资料,包括逐日降水量、逐日积雪深度、日平均气温及出现时间、日最低气温及出现时间、日最大风速、日极大风速、天气现象(日雨夹雪是否出现及出现时间、日积雪是否出现及出现时间、日雪是否出现及出现时间、日吹雪是否出现及出现时间),来源于河北省气象局。上述国家气象观测站有较长时间的降雪和积雪以及天气现象记录,基础地理信息数据由国务院普查办共享下发,数据较为完整。

9.1.2 处理方法

根据天气现象的降雪记录、降水量和积雪深度数据,进行雪灾过程判识,确定逐年历次降雪过程。判断规则为:出现"雪""阵雪""米雪""冰粒"等天气现象至少一种,当天作为雪灾过程开始的第一天,无降雪天气的前一天为过程最后一天,过程中至少有一天日降水量≥5 mm。

统计历次降雪过程的累计降雪量、最大降雪量、最大积雪深度、积雪日数、最低气温、最大风速等致灾因子信息。其中,降雪量的统计考虑雨夹雪,从逐日降水量和降雪天气现象数据中提取出逐日降雪资料,当某日有降雪天气现象,则认为当日降水量为降雪量。

9.2 雪灾致灾危险性评估技术方法

9.2.1 致灾因子选取

选取累计降雪量、最大积雪深度和大雪及以上日数 3 个气象要素作为雪灾致灾因子指标,其具体统计方法为:

（1）累计降雪量：以当年 7 月 1 日至次年 6 月 30 日为一个年度，统计一个年度内的过程降雪总量。

（2）最大积雪深度：以当年 7 月 1 日至次年 6 月 30 日为一个年度，统计一个年度内观测到的积雪深度的最大值。

（3）大雪及以上日数：以当年 7 月 1 日至次年 6 月 30 日为一个年度，统计一个年度内日降雪量≥5 mm 的降雪日数之和。

9.2.2 致灾危险性评估方法

对各致灾因子进行归一化处理，采用信息熵赋权法确定权重，加权求和得到雪灾危险性指数，方法如下式：

$$S = A_1 S_1 + A_2 S_2 + A_3 S_3 \tag{9.1}$$

式中，S 为雪灾致灾因子危险性指数；S_1、S_2、S_3 为归一化处理的累计降雪量、最大积雪深度、大雪及以上日数评价指标；A_1、A_2、A_3 为致灾危险性各评价指标对应的权重系数，总和为 1。

9.3 雪灾致灾危险性分析与评估

9.3.1 时空特征分析

9.3.1.1 时间分布特征

逐年统计 9 个站的降雪过程总次数，从图 9.1 看出，承德市历年降雪过程频次呈略微下降趋势，历史极大值出现在 2015 年，为 3.8 次。

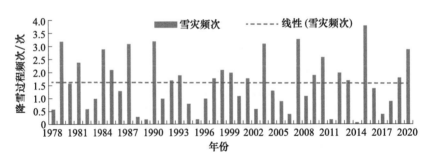

图 9.1 1978—2020 年承德市降雪过程频次分布图

承德市历年最大过程降雪量呈略微上升趋势，其中 2003 年最大，为 32.9 mm（图 9.2）。

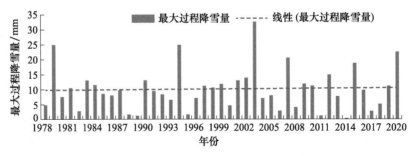

图 9.2 1978—2020 年承德市历年最大过程降雪量分布图

承德市历年降雪日数呈现下降趋势,极大值出现在 1984 年,为 34.2 d(图 9.3)。

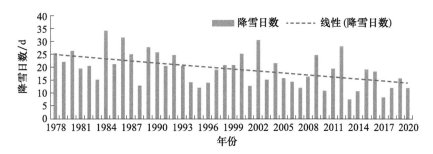

图 9.3 1978—2020 年承德市降雪日数分布图

承德市历年最大日降雪量总体呈上升趋势,极大值出现在 1993 年,降雪量达 27.8 mm(图 9.4)。

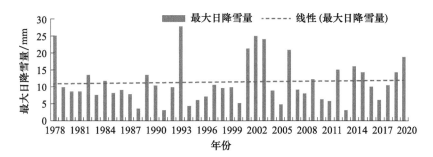

图 9.4 1978—2020 年承德市最大日降雪量分布图

承德市历年积雪日数呈下降趋势,极大值出现在 1984 年,为 76.8 d(图 9.5)。

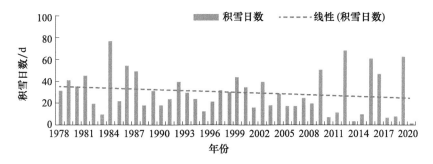

图 9.5 1978—2020 年承德市积雪日数分布图

承德市历年最大积雪深度呈下降趋势,其中 2006 年为历史极大值,最大日积雪深度达 20.2 cm(图 9.6)。

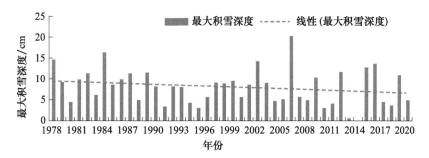

图 9.6 1978—2020 年承德市最大日积雪深度分布图

逐月统计承德市 9 个站平均降雪过程次数,从图 9.7 看出,承德市降雪过程主要集中在 10 月至次年 4 月。其中,3 月降雪过程最多,平均 3.7 次,其次为 11 月,平均 3.5 次。

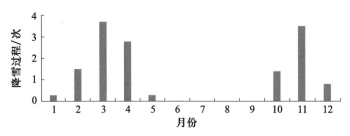

图 9.7 1978—2020 年承德市逐月降雪过程次数

逐月统计承德市 9 个站平均降雪日数,从图 9.8 看出,承德市逐月降雪日数主要集中在 10 月至次年 4 月。其中,3 月降雪日数最多,平均 36 d,其次为 2 月,平均 33.9 d。

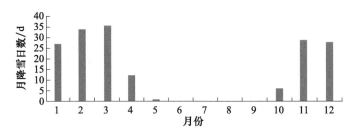

图 9.8 1978—2020 年承德市逐月降雪日数分布图

9.3.1.2 空间分布特征

如图 9.9 所示,承德市平均年累计降雪量总体上呈由西北向东南递减的特征,丰宁北部和围场北部地区较多,年降雪量在 55.4~130.0 mm,隆化和滦平以南地区较少,年降雪量在 17.5~28.2 mm(图 9.9)。

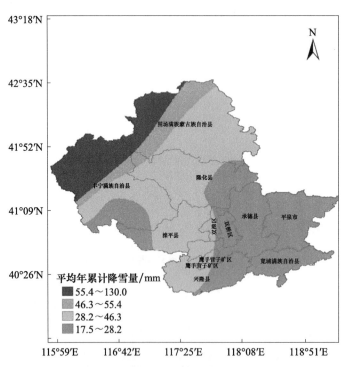

图 9.9 1978—2020 年承德市平均年累计降雪量分布图

如图 9.10 所示,承德市平均年最大积雪深度空间分布不均,丰宁小部、滦平南部、双滦大部和兴隆西部等地区最大,最大积雪深度在 8.3~10.2 cm,围场东部、隆化东北部、丰宁西南部、承德县南部、宽城和平泉南部以及兴隆东部地区较小,最大积雪深度在 6.2~7.4 cm。

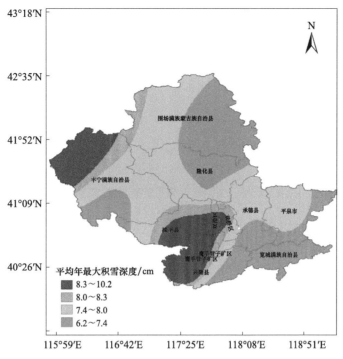

图 9.10　1978—2020 年承德市平均年最大积雪深度分布图

9.3.2　致灾危险性评估

对各致灾因子进行归一化处理后,采用信息熵赋权法等方法确定各指标权重(系数见表 9.1),构建承德市雪灾致灾危险性指数模型。

表 9.1　雪灾致灾因子权重系数

指标	累计降雪量 A_1	最大积雪深度 A_2	大雪及以上日数 A_3
权重系数	0.33	0.23	0.44

利用地理信息系统,将致灾因子危险性指数进行克里金插值,根据雪灾危险性等级划分结果制图,得到承德市雪灾致灾危险性分区图,如图 9.11 所示。承德市雪灾致灾危险性分区结果表明,承德市雪灾危险性分布总体上呈中北部高南部低的特征。其中,滦平大部、兴隆西北部和丰宁北部等地的危险性高,丰宁小部、围场北部和隆化西南部等地区危险性较高,丰宁小部、围场大部、隆化大部、承德县北部、平泉北部和双滦东部以及双桥北部地区危险性较低,承德县南部、平泉南部、兴隆东部和宽城地区危险性低。

9.4　典型雪灾灾害事件

9.4.1　事件 1(1994 年 5 月 2—4 日)

1994 年 5 月 2—4 日,承德市各地气温急剧下降,并雨雪交加,部分乡镇平地积雪 40～70 cm,最大风力达 8～9 级。全市共有 72 个乡镇遭受了不同程度的灾害,受灾面积 45333 hm²,其中成灾面积 3 万 hm²,刮断、压折树木 1467 万株,造成危房 1736 间,倒塌院墙 1300 处,刮断线杆 1733 根、线路 37 万 m,直接经济损失 1045 万元。其中,滦平县连降雨、雪 26 h,积雪折合降水量 60～100 mm,共计 12667 hm² 农作物幼苗被冻。受灾较重的长山峪镇 6000 hm² 山林出现倒伏、折断,1000 hm² 出苗农作物被雪埋冻死,200 hm² 蔬菜被雪压埋。

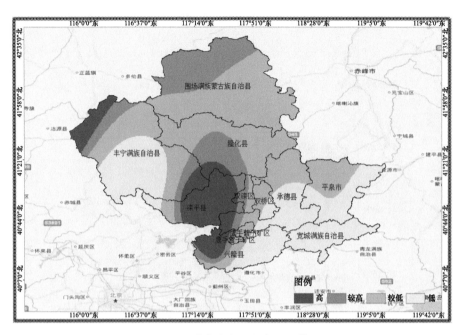

图 9.11　承德市雪灾致灾危险性等级图

9.4.2　事件 2(2007 年 3 月 3—4 日)

2007 年 3 月 3—4 日,承德市出现了一次全区域性的暴雪天气。自 3 月 3 日 11 时开始,承德市自西北向东南普降暴雪,各县(市、区)过程降水量在 16.0～34.1 mm,全市平均雪深 19 cm,降雪自北向南渐趋结束,并一直持续到 4 日午后,市区平均积雪深度达 30 cm。此次雪灾中断交通,倒塌蔬菜大棚,压毁家畜圈舍、林木,造成承德市工业、农牧业、林业经济损失达 8000 万元以上,直接经济损失 5828.2 万元,其中农业经济损失 4316 万元。

9.4.3　事件 3(2010 年 1 月 3—5 日)

2010 年 1 月 3 日,承德市普降中到大雪,局部地区为暴雪,降雪持续 36 h 之久,滦平县最大降雪量 12.3 mm,雪灾致使部分居民住房、蔬菜大棚和畜牧圈舍倒塌、损坏,给滦平、兴隆、宽城和双桥等县区造成了严重损失。据统计,全市 5 个县区、42 个乡镇均不同程度受灾,受灾人口 127268 人,因灾紧急转移安置人口 40 人;倒塌房屋 18 间,损坏房屋 560 间;倒塌蔬菜和食用菌大棚 54 个,压塌冷棚支架及塑料布棚损坏 877 个;倒塌和损坏牲畜圈棚 912 个,死亡牲畜 12137 头(只);直接经济损失 4948 万元,其中农业经济损失 2280 万元,家庭财产损失 2668 万元(图 9.12)。

9.4.4　事件 4(2012 年 11 月 3—5 日)

2012 年 11 月 3—5 日,承德市自西向东出现了一次较强雨雪、大风和降温天气。全市平均降水量 25.9 mm,北部丰宁县出现了 57 年来最大的一次雪灾,过程降水量为 49.3 mm;积雪深度达 43 cm;围场、平泉、宽城出现了大到暴雪;其他大部县(市、区)出现了中雨,其中中南部有 13 个乡镇达到暴雨,最大降水出现在兴隆的挂兰峪镇,为 113.8 mm。这次天气过程使丰宁、兴隆、滦平、承德县、宽城、平泉 6 个县(市)的过程降水量超过 11 月上旬降水量的历史极值,且丰宁和兴隆的过程降水量超过了 11 月降水量的历史极值,共有丰宁、围场、平泉、宽城、隆化、兴隆和双桥区等县区的 51 个乡镇受灾,食用菌、蔬菜大棚损失严重,直接经济损失 4000 余万元。

此次降雪历时 30 多个小时,丰宁坝上积雪深度超过 43 cm,坝上地区积雪深度更是达到 60～70 cm,最严重的地方积雪厚度达到 100 cm。特大暴雪使丰宁境内 376 km 的国省干道和 428 km 的县级公路及

1500 km 的乡村级公路全部瘫痪,涉及 7 个乡镇、59 个行政村,受阻人员达 7 万余人。其中,海拔超过 1700 m 的牛圈子坝路段是丰宁通往坝上和连接内蒙古、张家口主要干线公路的重点路段,积雪深度超过 50 cm,路面结冰厚度最高达 5 cm,长 11 km 的路上就有 52 辆大型车辆被迫滞留,有的车辆滞留超过 40 个小时,滞留的司机、乘客等人员达到 109 名。截至 5 日下午,人保财险丰宁县支公司共接到保户报案 16 起,预计总损失金额约 206 万元。截至 6 日 10 时,丰宁全县 23 个乡镇、42 个行政村受灾,受灾人口 668 户、2506 人,大雪压塌 607 个农业养殖大棚,压塌羊舍,砸死羊 17 只,2 个乡镇个别供电线路被大雪压断,造成短期停电。灾害共造成直接经济损失 946 万元(图 9.13)。

图 9.12　围场县雪灾压垮蔬菜大棚
(图片来源:承德市气象局)

图 9.13　丰宁县城积雪影响交通
(图片来源:承德市气象局)

9.4.5　事件 5(2012 年 11 月 10—11 日)

2012 年 11 月 10 日早晨至 11 日凌晨,承德市出现雨夹雪与大雪天气。承德市 24 h 降水量达到 12 mm(主要为降雪),实时雪深为 6 cm,最大降水量出现在承德县,为 23 mm,雪深 11 cm。全市共有 9 个县区、68 个乡镇受灾。

受强降雪影响,承德辖区内高速公路全线关闭,承德市长途客运站当天发往外县和其他省市的长途客运车停运。此外,承德市公交公司市区内 26 条公交线路停运;承德市教育局对市直中小学、幼儿园放假一天。双桥区受灾较严重:受灾人口为 120 人,农作物受灾面积为 2 hm²,直接经济损失 65 万元。

9.4.6　事件 6(2015 年 4 月 11—12 日)

2015 年 4 月 11 日,承德市出现较强雨雪天气过程。由于此次天气过程持续时间较长,随着气温的降低,降水相态由雨转为雪,造成兴隆县、承德县的 8 个乡镇(兴隆县 1 个乡镇、承德县 7 个乡镇)遭受不同程度的雪灾。据统计,灾害造成受灾人口 1.84 万人,农作物受灾面积 5610 hm²,其中农作物绝收面积 227 hm²,农业经济损失 852 万元。受灾农作物主要是杏树和部分露天蔬菜。

第 10 章

干旱致灾危险性评估

干旱是指降水总量少,不足以满足人的生存和经济发展的气候现象。随着人类的经济发展和人口膨胀,水资源短缺现象日趋严重,这也直接导致了干旱地区的扩大与干旱化程度的加重,由此引起河水断流、湖泊干涸、地下水位下降、农作物枯死、森林火灾加重等,进而影响资源开发、经济发展和生态环境保护。承德市素有"十年九旱"之说,部分干旱过程影响范围广、持续时间长、造成损失重,严重时甚至会造成人畜饮水困难。

10.1 数据制备与处理方法

10.1.1 数据来源

10.1.1.1 气象资料

收集与干旱形成密切相关的历史气象观测资料,包括降水量、气温、日照、风、相对湿度、蒸发量等,以及土壤湿度、土壤参数、农作物生育期等农气相关观测资料,气象资料为 1978—2020 年。根据观测记录时间序列情况,结合评估方法和普查精度的要求来合理选取相应的站点。

10.1.1.2 气象干旱指数的选取和计算

本报告选择气象干旱综合指数(MCI)作为基础指标,该指标可进行逐日干旱监测。

其他气象干旱指数,如:降水距平百分率、相对湿润度指数、标准化降水指数、标准化降水蒸散指数、帕尔默干旱指数、水分亏缺指数等,以及针对不同承灾体的干旱指数、遥感干旱监测指数,可根据当地普查需求,择优挑选 2~3 种能够较好反映干旱实际情况的指数作为主要辅助指数进行统计分析。气象干旱指数的计算方法可参见相关标准规范,如:《气象干旱等级》(GB/T 20481—2017)、《小麦干旱灾害等级》(QX/T 81—2007)等。

10.1.2 处理方法

干旱过程识别以 MCI 为基础指标。

1. 单站干旱过程识别方法

当某站连续 15 d 及以上出现轻旱及以上等级干旱,且至少有一天干旱等级达到中旱及以上,则判定为发生一次干旱过程。干旱过程时段内第一次出现轻旱的日期为干旱过程开始日;干旱过程发生后,当连续 5 d 干旱等级为无旱或偏湿时,则干旱过程结束,干旱过程结束前最后一天干旱等级为轻旱或以上的日期为干旱过程结束日。某站点干旱过程开始日到结束日(含结束日)的总天数为该站干旱过程日数。

在此基础上计算单站干旱过程强度。

2. 区域干旱过程识别方法

针对某相似气候地区或行政区等固定区域范围,宜通过区域站点平均干旱强度来判断干旱过程。

区域日干旱强度,当某日监测区域内站点平均干旱强度的等级达轻旱及以上,且至少有一站干旱等级达到中旱以上,则认为该日发生区域干旱。

当区域日干旱强度的等级达到轻旱及以上,且连续 15 d 及以上,至少有 1 d 达到中旱及以上,则发生一次区域性干旱过程。区域性干旱过程时段内第一次出现轻旱的日期为区域干旱过程开始日;干旱过程发生后,当连续 5 d 区域日干旱等级为无旱时,则区域干旱过程结束,干旱过程结束前最后一天区域日干旱等级为轻旱或以上的日期为区域干旱过程结束日。区域干旱过程开始日到结束日(含结束日)的总天数为该区域干旱过程日数。在此基础上计算区域干旱过程强度。

10.2　干旱致灾危险性评估技术方法

基于选取的致灾因子,采用反映干旱强度、发生频率多指标权重综合分析方法,开展危险性评估:

$$H = \sum_{i=1}^{n} w_i x_i \tag{10.1}$$

式中,x_i、w_i 分别为危险性指标的标准化值和权重,i 为危险性的第 i 个指标,H 为危险性指数。采用信息熵赋权法等方法确定权重。

本报告基于 MCI 指数,统计年干旱过程总累积强度,分析不同重现期的年干旱过程总累积强度的阈值,通过权重求和的方法得到干旱危险性评估指数。

年干旱过程总累积强度为年尺度内多次干旱过程中的累积干旱强度的总和,日干旱等级可为轻旱或中旱等级及以上。该指标可以作为反映干旱时长和强度的综合指标。具体统计方法如下:

$$S_{MCI} = \sum_{j=1}^{m} \sum_{i=1}^{n} M_{CIij} \tag{10.2}$$

式中,S_{MCI} 为单站年多次干旱过程累计干旱强度(绝对值),M_{CIij} 为 j 干旱过程中第 i 天气象干旱综合指数,n 为 j 干旱过程持续天数,m 为站点年干旱过程数。

基于年尺度历史序列,通过对比检验,优选拟合分布函数,计算 5 年、10 年、20 年、50 年、100 年一遇的阈值 T_5、T_{10}、T_{20}、T_{50}、T_{100}。如果站点无合适拟合分布函数,可采用百分位方法补充分析。基于年过程总累积强度的干旱危险性指数可以用下式表示:

$$H = a_1 \times T_5 + a_2 \times T_{10} + a_3 \times T_{20} + a_4 \times T_{50} + a_5 \times T_{100} \tag{10.3}$$

式中,a_1、a_2、a_3、a_4、a_5 表示权重,权重采用信息熵赋权法等方法确定。

如果优选致灾因子为多个,可分别采用同样的方法,最后加权求和获得危险性评估指数。

10.3　干旱致灾危险性分析与评估

10.3.1　时空特征分析

10.3.1.1　时间分布特征

1978—2020 年,承德市多年平均降水量 540.6 mm,年降水量最大值出现在 1978 年,达 769.1 mm,最小值出现在 2002 年,为 385.0 mm。年降水量分布存在年代际变化,20 世纪 90 年代平均年降水量最多,为 593.9 mm,21 世纪 00 年代平均年降水量最少,为 484.0 mm,21 世纪 10 年代平均年降水量为 540.2 mm,20 世纪 80 年代平均年降水量为 499.4 mm(图 10.1)。从年内变化上看,承德市 6—8 月月平均降水量较多,在 60 mm 以上,7 月最多,为 151.7 mm(图 10.2)。

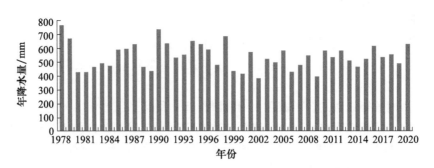

图 10.1 1978—2020 年承德市平均年降水量历年变化

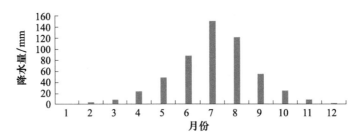

图 10.2 1978—2020 年承德市平均降水量逐月变化

1978—2020 年,承德市年区域性干旱日数年际变化呈略微下降趋势,降幅为 0.13 d/10 a,多年平均干旱日数为 106.8 d,年干旱日数最大值为 252 d(2006 年),1987 年干旱日数最少,为 0 d。承德市区域性干旱灾害等级以轻中旱为主,轻旱日数占总干旱日数的 63.9%,多年平均值为 68.2 d,轻旱日数最大值为 172 d,出现在 2006 年;中旱占比 29.2%,多年平均值为 31.1 d,中旱日数最大值为 93 d,出现在 2002 年;重旱日数最大值为 29 d,出现在 1988 年;特旱日数最大值为 8 d,出现在 1994 年(图 10.3)。从年内变化上看,承德市秋季干旱日数相对较多,平均月干旱日数为 10 d,其中 9 月最多,为 11.0 d(图 10.4)。

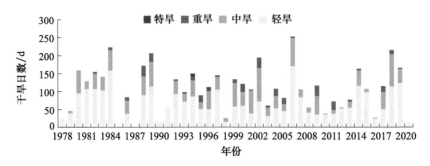

图 10.3 1978—2020 年承德市年区域性干旱日数历年变化

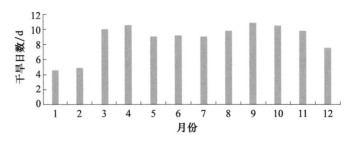

图 10.4 1978—2020 年承德市平均干旱日数逐月变化

1978—2020 年,承德市多年累计出现区域干旱过程 64 次,1980 年、1989 年、1997 年、2006 年、2014 年承德市区域干旱最为频繁,共出现 4 次,其中弱干旱过程 33 次、较强干旱过程 19 次、强干旱过程 10 次、特强干旱过程 2 次,分别占总干旱过程次数的 51.6%、29.7%、15.6%、3.1%。区域干旱过程次数多年平均值约为 1.5 次,弱干旱过程次数多年平均值约为 0.8 次,较强干旱过程次数多年平均值 0.4 次(图 10.5)。

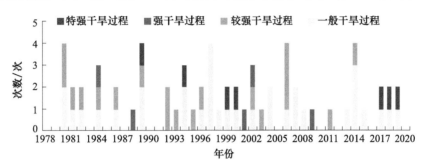

图 10.5　1978—2020 年承德市区域干旱过程次数历年变化

1978—2020 年,承德市多年平均最强区域性干旱过程强度为 5.9,最强区域性干旱过程强度最大值为 12.5。21 世纪 00 年代年最强干旱过程强度最大,为 7.4,21 世纪 10 年代年最强干旱过程强度最小,为 5.6,20 世纪 80 年代年最强干旱过程强度为 6.3,20 世纪 90 年代年最强干旱过程强度为 6(图 10.6)。

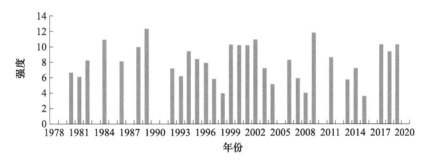

图 10.6　1978—2020 年承德市年最强区域性干旱过程强度历年变化

1978—2020 年,承德市区域性干旱过程强度多年平均值为 4.9,其中 2009 年区域性干旱过程强度最大,为 11.9。21 世纪 00 年代区域性干旱过程强度平均值最大,为 6.6,21 世纪 10 年代区域性干旱过程强度平均值最小,为 4.6,20 世纪 90 年代区域性干旱过程强度平均值为 5.1,20 世纪 80 年代区域性干旱过程强度平均值为 4.7(图 10.7)。

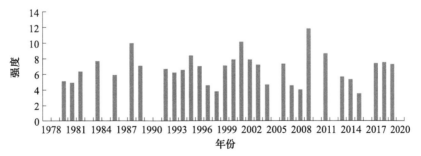

图 10.7　1978—2020 年承德市年区域性干旱过程强度历年变化

10.3.1.2　空间分布特征

由承德市 1978—2020 年多年平均年降水量空间分布(图 10.8)可知,承德市多年平均降水量呈由北向南递增的分布趋势,围场大部、丰宁大部和隆化小部降水量相对较少,在 468.4 mm 以下,兴隆、宽城大部和营子区等地的降水量较多,在 602.2 mm 以上。

由承德市 1978—2020 年多年平均年干旱日数空间分布(图 10.9)可知,承德市多年平均干旱日数呈由北向南递增的分布特征,宽城、兴隆东部、双桥和双滦等地区年干旱日数较多,在121.1 d内以上,围场、丰宁北部、隆化大部地区年干旱日数较少,在111.0 d以下。

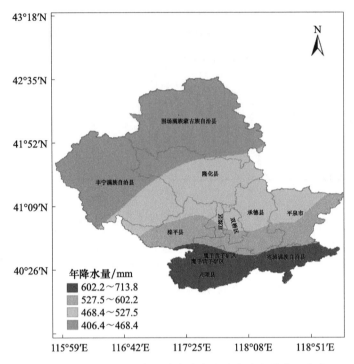

图 10.8 1978—2020 年承德市多年平均年降水量空间分布

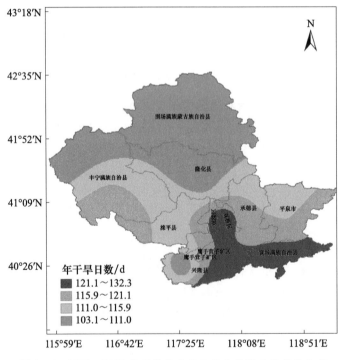

图 10.9 1978—2020 年承德市多年平均年干旱日数空间分布

由承德市 1978—2020 年多年平均干旱过程次数空间分布(图 10.10)可知,承德市多年平均干旱过程次数呈由东南向西北递减分布特征,平泉大部、宽城东部、双桥和双滦部分地区等地的干旱过程在1.8次以上。

由承德市 1978—2020 年多年平均最强干旱过程强度空间分布(图 10.11)可知,承德市多年平均最强干旱强度呈由西南向东北递减分布特征,围场大部和丰宁小部多年平均最强干旱过程强度较弱,强度指数在 7.4 以下，兴隆东部、宽城小部、双桥和双滦部分地区等地的平均最强干旱过程强度较强，高强度指数在 8.1 以上。

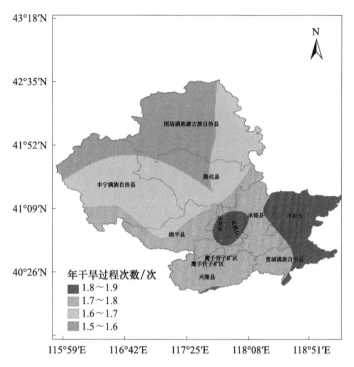

图 10.10 1978—2020 年承德市多年平均干旱过程次数空间分布

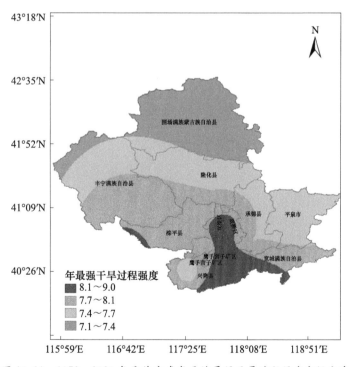

图 10.11 1978—2020 年承德市多年平均最强干旱过程强度空间分布

由承德市 1978—2020 年年平均干旱过程强度空间分布（图 10.12）可知，承德市多年平均干旱过程强度呈由西向东递减的分布特征，丰宁南部、隆化西南部、宽城西部、滦平、双桥和双滦以及兴隆东部等地区平均干旱过程强度高于 6.6，围场东部、平泉等地平均干旱过程强度低于 6.3。

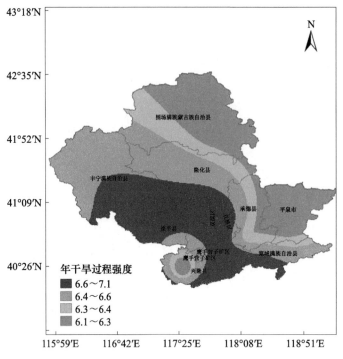

图 10.12 1978—2020 年承德市年平均干旱过程强度空间分布

10.3.2 致灾危险性评估

统计承德市各县(市、区)历年干旱过程的累积强度,分析 5 a、10 a、20 a、50 a、100 a 一遇的年干旱过程总累积强度的阈值,通过信息熵赋权法确定了不同重现期的权重,从而得到了干旱危险性评估指数。根据承德市干旱危险性评估图(图 10.13)可知,丰宁大部、围场中部、滦平大部、双滦、双桥和营子区以及兴隆大部干旱危险性等级为较高或高等级,隆化中部、丰宁北部、平泉市和承德县东部以及宽城北部等地区为低等级,其他地区干旱危险性等级为较低等级。

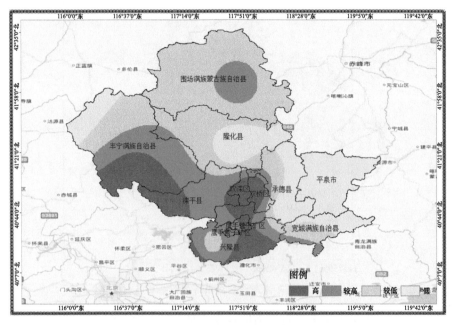

图 10.13 承德市干旱致灾危险性等级图

10.4　典型干旱灾害事件

10.4.1　事件 1(1984 年大旱)

1984 年,承德市 5 月降雨量为 5~26 mm,比历史同期少 21%~86%。7 月中下旬,各县降雨量为 6.3~33.8 mm,较多年平均值少 74%~90%。入伏前后 57 d 无降雨,全区 25.5 万 hm² 农作物遭受"卡脖旱"减产成灾。承德县造成严重春旱,受灾面积 2.8 万 hm²,绝收面积 0.3 万 hm²。

承德市干旱受灾面积 27.6 万 hm²,成灾面积 25.2 万 hm²,粮食减产 3.85 亿 kg。7.7 万人和 7811 头大牲畜发生饮水困难。

10.4.2　事件 2(1988 年春夏连旱)

1988 年 3 月中旬,承德市降雨明显减少,与常年相比减少九成。1—7 月中旬,隆化、围场、丰宁 3 县总降水量为 66~135 mm,比常年少 89~180 mm。入夏以后未降透雨,干旱严重成灾。其中丰宁干旱日数达 109 d。牧草资源遭受严重破坏,全市春季返青草枯死 110.4 万 hm²。丰宁围场坝上 20.7 万 hm² 草场没有返青迹象。风沙埋没草场 2.7 万 hm²。畜牧损失严重,死亡大牲畜 1200 多头、羊 1.3 万只,坝上地区羔羊死亡率达 70%,损失 400 多万元,人工草地损失种子款 60 多万元。围场伊逊河、小滦河等主要河流基本断流。农田受灾损失惨重,隆化、围场、丰宁 3 县受灾面积 10.6 万 hm²,受灾人口 49.51 万人。

10.4.3　事件 3(1992 年冬春夏大旱)

1992 年承德各地干旱成灾。上年 8—12 月降水量较常年偏少 78.4 mm,1992 年入春后基本无雨。1—6 月降雨仅 82.5 mm,较常年偏少 90.6 mm。气温较常年偏高 2 ℃左右。

到 7 月上旬,全市大部分谷子、黄豆秧苗旱死,玉米秸秆矮小,叶子打蔫成卷。滦平县 2.5 万 hm² 耕地遭受严重的春旱连夏旱灾害,比正常年景减少三成以上,减产达 8000 万 kg。武烈河、老牛河、柴白河、暖儿河等河流相继断流、干枯。全市 8100 人、1100 头大牲畜饮水困难。承德地、市干旱受灾面积 11.9 万 hm²,成灾面积 9.2 万 hm²,粮食减产 0.5 亿 kg。

10.4.4　事件 4(2000 年春夏连旱)

2000 年,承德市 2—7 月大部分县区降水总量较常年偏少三至五成,6 月全市偏少六至九成,7 月全市偏少三至八成。从 3 月起气温持续偏高,到 7 月月平均气温偏高达 4~5 ℃,6—7 月连续干旱。承德市因旱受灾面积 30.0 万 hm²,绝收面积 25.0 万 hm²,受灾最重的宽城县 1.3 万 hm² 耕地几乎全部绝收,其他县绝收面积都在 2/3 以上。粮食产量减少近八成。大面积林木干枯,果品减产 3 亿 kg 以上,减产幅度达到 25%。全市 109 座水库水位全部下降到死库容以下或干涸,三大流域 118 条河流中有 115 条断流,历史上从未断流的滦河干流持续断流 100 多天,避暑山庄湖区干涸见底。地下水位普遍下降 3~10 m,90 万人出现饮水困难。

10.4.5　事件 5(2009 春夏连旱)

2009 年,承德市 1—9 月平均降雨量 358 mm,较常年同期偏少 31.8%,其中 7 月 20 日至 9 月 10 日降雨 86.1 mm,较常年同期偏少 62.7%。春季干旱少雨,主汛期降雨异常偏少。玉米、大豆等大田作物叶子卷曲、枯萎,全市农作物受旱面积 20.6 万 hm²,粮食减产 41.85 万 t;30 万人饮水困难。围场县京津冀风沙源治理工程损失人工造林面积 3168.3 hm²;滦河、潮河及较大支流两岸水位下降 1~2 m;1.4 万眼机井出水量不足或枯竭。

第 11 章

雷电致灾危险性评估

雷电是发生在自然界中的大气现象之一,通常伴随着强烈的声、光、电等物理现象。雷电产生的热效应、机械效应和电效应具有极大的破坏性,会造成人员伤亡、房屋摧毁、爆炸燃烧、网络中断等灾害,是联合国公布的 10 种最严重的自然灾害之一。承德市雷电灾害性天气频繁,每年都会造成一定的人员伤亡和巨大的财产损失。年平均雷暴日数高达 38.9 d,属于高雷区,且随着经济的快速发展,雷电灾害的发生率呈上升趋势,其造成的影响也越来越大。承德市雷电发生期为 4—9 月,主要集中于夏季 6—8 月。

11.1 数据制备与处理方法

11.1.1 数据来源

普查区域内的雷电观测资料,为雷电定位资料和雷暴日数据。

雷电定位资料和雷暴日数据均来源于河北省气象信息中心。雷电定位资料为 ADTD 雷电定位系统记录的 2009—2020 年的数据资料,包括云地闪回击时间、经纬度、雷电流强度等;雷暴日数据为建站以来到 2013 年底的观测资料。

地理信息数据包括地形、高程、县、乡镇行政区划等基础地理信息数据,从雷电灾害形成机理分析,将地形起伏度、海拔高度等特征信息作为叠加图层,借助 GIS 空间分析技术计算孕灾环境指数。

土壤电导率数据来自中国科学院南京土壤研究所根据第二次全国土地调查结果制作发行的中国 1∶100 万土壤栅格数据。

11.1.2 处理方法

11.1.2.1 雷击点密度

雷击点密度是指单位面积、单位时间的平均雷击点个数(个/(km^2 · a))。雷击点密度这一指标能够较好地反映研究区域遭受雷击的可能性问题,雷击点密度越大的区域,遭受雷电灾害的概率也越高。依据 2009—2020 年承德市雷电定位系统监测数据,将行政区域范围划为 30″×30″网格,利用 ArcGIS 将雷击点提取密度成网格数据,并进行归一化处理,形成雷击点密度栅格数据。

11.1.2.2 地闪强度

地闪强度是指按百分位数法将地闪放电的雷电流幅值分级后加权平均得到的强度。雷电灾害造成的损失大小,在很大程度上取决于致灾因子的危险性,即雷电的强度和频度。雷电流越大,造成的危害范围越大,涉及面越广。对普查区域内的雷电定位资料进行质量控制,剔除雷电流幅值为 0～2 kA 和

200 kA以上的雷电定位资料。将雷电地闪强度按百分位数法划分等级(表11.1),将普查行政区域范围划为 30″×30″ 网格,按照《雷电灾害风险区划技术指南》(QX/T 405—2017)中 5.2.2.3—5.2.2.5 的方法,形成地闪强度栅格数据。

表 11.1　雷电流幅值等级

百分位数(P)区间	P≤60%	60%<P≤80%	80%<P≤90%	90%<P≤95%	P>95%
等级	1级	2级	3级	4级	5级

11.1.2.3　土壤电导率

对土壤电导率资料进行归一化处理,形成归一化的土壤电导率栅格数据。

11.1.2.4　地形起伏

计算以目标栅格为中心、大小为 30″×30″ 栅格的正方形范围内高程的标准差,并进行归一化处理,形成归一化的地形起伏栅格数据。

11.1.2.5　海拔高度

对数字高程模型(DEM)资料进行归一化处理,形成归一化的海拔高度栅格数据。

11.2　雷电致灾危险性评估技术方法

11.2.1　致灾因子选取

选取雷击点密度、地闪强度、土壤电导率、地形起伏和海拔高度作为雷电致灾危险性评估因子。

11.2.2　致灾危险性评估方法

根据综合致灾因子和孕灾环境指数,按照层次分析法确定权重系数,根据专家打分的结果,综合权重最终确定如表11.2所示。

表 11.2　综合权重

	雷击点密度	地闪强度	土壤电导率	海拔高度	地形起伏
综合权重	0.237004	0.398396	0.104750	0.148830	0.111021

根据致灾危险性指数 R_H 模型进行计算:
$$R_H = (L_d \times w_d + L_n \times w_n) \times (S_c \times w_s + E_h \times w_e + T_f \times w_t) \tag{11.1}$$
式中,R_H 为致灾危险性指数;L_d 为雷击点密度,w_d 为雷击点密度权重;L_n 为地闪强度,w_n 为地闪强度权重;S_c 为土壤电导率,w_s 为土壤电导率权重;E_h 为海拔高度,w_e 为海拔高度权重;T_f 为地形起伏,w_t 为地形起伏权重。

11.3　雷电致灾危险性分析与评估

11.3.1　时空特征分析

考虑到雷电资料观测方式,雷暴日分析选用承德市 9 个气象观测站自建站到 2013 年的雷暴日观测资料,地闪频数分析选用 2009—2020 年 ADTD 雷电定位资料。

11.3.1.1　时间分布特征

1978—2013 年,承德市年历年平均雷暴日数为 38.9 d,1990 年最多,为 55 d,2010 年最少,为 27 d。

雷暴日数年际变化较大,总体呈减少趋势,降幅为 0.37 d/a(图 11.1)。

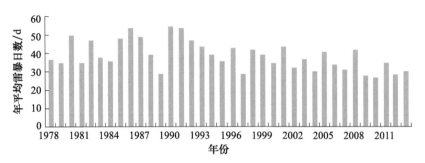

图 11.1 1978—2013 年承德市历年平均雷暴日数

通过对承德市 1978—2013 年雷暴观测资料和 2009—2020 年 ADTD 雷电定位资料统计分析,承德市雷电一般出现在 4—9 月,主要集中于夏季 6—8 月,从雷暴日数统计可知,6 月和 7 月出现的雷暴日数最多(图 11.2);从雷电地闪频数统计可知,7 月出现的雷电地闪频数最多(图 11.3)。初雷日一般出现在 4 月,终雷日期一般出现在 9 月,承德市 4—9 月的时间里都可能听到雷声。

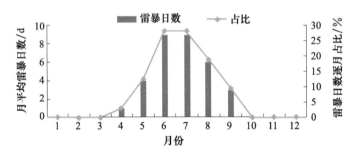

图 11.2 1978—2013 年承德市逐月平均雷暴日数和占比分布图

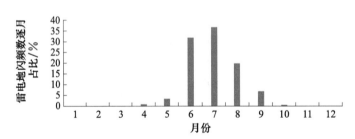

图 11.3 2009—2020 年承德市雷电地闪频数逐月占比分布图

承德市雷电日分布呈"单峰单谷"型,高峰区出现在 18 时,低谷区出现在 10 时(图 11.4)。

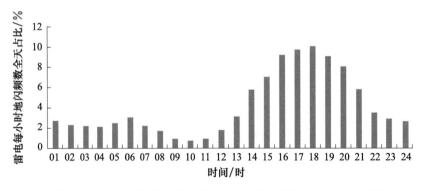

图 11.4 2009—2013 年承德市雷电每小时地闪频数全天占比分布图

11.3.1.2　空间分布特征

承德市地闪密度分布极不均匀,高值区主要位于围场北部、双桥和双滦等地;低值区主要分布在隆化部分地区、丰宁部分地区和平泉市东部(图 11.5)。

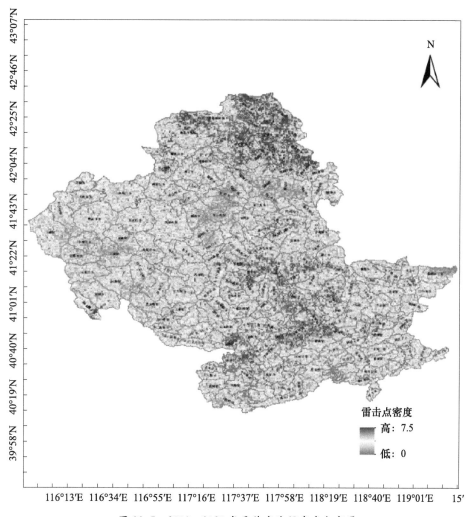

图 11.5　2009—2020 年承德市地闪密度分布图

11.3.2　致灾危险性评估

根据致灾危险性指数 RH 计算结果,利用自然断点法按四级划分标准(表 11.3),对雷电灾害致灾危险性进行空间单元的划分,并根据结果制成图件,得到致灾危险性分区图。

表 11.3　雷电危险性等级、级别含义和表征颜色

风险级别	级别含义	表征颜色	色值			
			C	M	Y	K
Ⅰ级	高		40	45	40	0
Ⅱ级	较高		30	30	25	0
Ⅲ级	较低		0	0	0	16
Ⅳ级	低		0	0	0	0

注:实际中不划分低等级(Ⅳ级)区。

承德市雷电致灾危险性等级分布如图 11.6 所示。由图可见,围场北部、丰宁北部、隆化大部、承德县大部、平泉小部、双桥和双滦部分地区等为雷电致灾危险性高等级和较高等级区,其他地区为较低等级区。

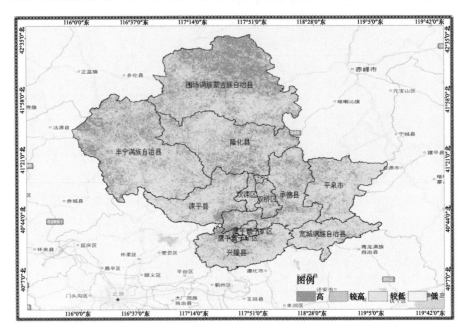

图 11.6　承德市雷电致灾危险性等级图

11.4　典型雷电灾害事件

11.4.1　事件 1(2006 年 8 月 12 日)

2006 年 8 月 12 日 21 时左右,承德市平泉市平房乡中国联通平泉分公司及周围村庄家用电器遭受雷击,联通公司基站供电系统着火,周围村庄 30 余户家用电器(电视机、电冰箱、电脑、电话)被雷击坏,造成直接经济损失 5 万元(图 11.7)。

图 11.7　平泉市平房乡中国联通平泉分公司供电系统遭雷击着火(图片来源:承德市气象局)

11.4.2　事件 2(2011 年 4 月 30 日)

2011 年 4 月 30 日,平泉市油房营子村李××家 3 间房屋顶被雷击掀起,门窗玻璃被震碎四处飞溅,屋内迅速燃起大火。房屋严重损坏,屋内被褥、衣服、生活用品及现金全部烧毁,满地一片狼藉(图 11.8)。

图 11.8　平泉市油房营子村李××家屋顶被雷击(图片来源:承德市气象局)

11.4.3　事件 3(2013 年 5 月 19 日)

2013 年 5 月 19 日 10 时左右,承德市丰宁县九龙松五龙圣母祠遭雷击,造成北殿房角击坏,五龙圣母祠柱子遭雷击,击出一个洞,还击坏变压器 1 台、水泵 1 台、电气开关 10 个,造成直接经济损失 10 万元左右(图 11.9)。

图 11.9　丰宁县九龙松景区五龙圣母祠遭雷击(图片来源:承德市气象局)

11.4.4　事件 4(2014 年 4 月 23 日)

2014 年 4 月 23 日晚,承德市磬锤峰国家森林公园管理处遭雷击,1 人受伤耳聋(受伤人当时在山顶值班室值班)。雷电击中值班室附近厕所,厕所一角被击坏,造成直接经济损失 1 万元。由于强雷暴天气的雷电感应和雷电波入侵,这次雷灾还造成承德市普宁寺管理处消防报警系统火灾报警控制主机主板、4个监控摄像头、11个消防模块、多处感烟探测器出现故障(图11.10)。

图 11.10　磬锤峰国家森林公园管理处值班室遭雷击(图片来源:承德市气象局)

11.4.5　事件5(2017年6月18日)

2017年6月18日,承德市双滦区福溪帝苑居住小区1♯、2♯、3♯、4♯、8♯楼电梯控制系统遭受雷击,导致电梯控制器相关设备出现故障或损坏。

第 12 章

总　结

12.1　气象灾害致灾危险性综合分析

1．暴雨

承德市暴雨主要出现在 6—8 月，7 月暴雨日平均次数最多，为 4.6 次，8 月大暴雨日次数最多，为 0.6 次；年暴雨日数呈由北向南递增的趋势。综合考虑暴雨致灾因子和地形、水系、地质灾害等孕灾环境，暴雨灾害致灾危险性总体上呈由北向南递增的趋势，较高等级及以上区域主要位于营子区、兴隆县大部和宽城县西部以及承德县南部；其他区域暴雨灾害致灾危险性较低。

2．冰雹

承德市冰雹 5—9 月发生频繁，冰雹日数占总日数的 93％，尤其是 6 月，占总日数的 31.6％。冰雹日数空间上呈由北向南递减的分布趋势，综合考虑降雹频次、持续时间、冰雹最大直径等因子评估冰雹致灾危险性，冰雹灾害致灾危险性特征总体上表现为由西北向东南递减的分布趋势，丰宁大部和围场北部的冰雹致灾危险性等级较高；滦平、市区、兴隆、宽城以及承德县南部冰雹致灾危险性等级低。

3．大风

承德市的逐年大风日数总体上呈上升趋势。承德市的月平均大风日数为 36.4 d，春季大风日数多于其他季节，其中 4 月出现大风的日数最多。综合考虑大风日数与日最大风速评估大风致灾危险性，承德市大风危险性分布总体上呈西高东低特征。丰宁大部危险性高，丰宁东部、围场西部、隆化西部和滦平西部危险性较高；围场和隆化中部、滦平中东部、兴隆和营子区以及双桥和双滦区危险性较低；围场东部、隆化东部、承德县和平泉以及宽城地区危险性低。

4．低温

1978—2020 年承德市逐年冷空气（寒潮）过程出现次数在 24.4～37.8 次，2006 年最多。冷空气（寒潮）主要出现在 9 月至次年 5 月，其中，10—11 月出现日数较多。综合考虑各地农作物主要生育期内冷空气（寒潮）和霜冻过程出现次数、过程累计降温幅度、过程最大日降温幅度、过程最低气温等致灾因子评估低温致灾危险性，承德市低温灾害致灾危险性总体上呈由北向南递减的趋势，其中，丰宁和围场坝上以及隆化西北部地区低温灾害致灾危险性等级为高；丰宁南部、围场中东部、隆化大部、滦平北部和平泉北部以及承德县北部地区致灾危险性等级为较高；滦平南部、承德县中部、双滦区西部、兴隆西部、平泉南部和宽城北部地区低温灾害致灾危险性等级为较低；双滦区东部、双桥区、承德县南部、兴隆大部和宽城大部地区危险性等级为低。

5．高温

1978—2020 年承德市 35 ℃以上高温日数在 0～16.0 d，最大值出现在 2000 年。承德市 35 ℃以上高温出现在 5—8 月,6 月高温日数最多,为 5.5 d。综合考虑 35 ℃以上高温日数、极端最高气温、过程平均最高气温等致灾因子评估高温致灾危险性。承德市高温灾害危险性总体上呈由东南向西北递减的分布特征。丰宁北部和围场北部高温致灾危险性等级低;丰宁南部、围场南部、隆化西部、滦平西部等高温致灾危险性等级较低;丰宁西南部、隆化东部、滦平东部、营子区东部、兴隆大部、承德县、平泉和宽城高温致灾危险性等级较高或高,其中双滦区、双桥区、承德县大部、平泉西部和兴隆东部等高温致灾危险性等级高。

6. 台风

影响承德市的北上台风共 22 个,2018 年最多,为 3 个,台风过程主要集中在 7—9 月。承德市受台风影响次数,空间上呈由东南向西北递减的分布特征,受影响最多区域主要集中在平泉和宽城。以台风影响过程内日最大风速为风致灾因子,以过程降水量、过程内日最大降水量为雨致灾因子,综合评估台风致灾危险性,承德市台风致灾危险性空间上呈自南向北递减的分布特征。台风灾害高危险性区域主要在宽城、兴隆、营子区和平泉东部等区域;而丰宁大部、围场大部和隆化西北部区域台风灾害危险性低;其他地区介于两者之间。

7. 雪灾

承德市历年降雪过程频次呈略微下降趋势,历史极大值出现在 2015 年,为 3.8 次。历年最大过程降雪量呈略微上升趋势,其中 2003 年最大。承德市历年降雪日数呈现下降趋势,极大值出现在 1984 年。承德市降雪过程主要集中在 10 月至次年 4 月。综合考虑累计降雪量、最大积雪深度、大雪日数等致灾因子评估降雪致灾危险性,结果表明:承德市雪灾危险性分布总体上呈中北部高南部低的特征。其中,滦平大部、兴隆西北部和丰宁北部等地的危险性高;丰宁小部、围场北部和隆化西南部等地区危险性较高;丰宁小部、围场大部、隆化大部、承德县北部、平泉北部和双滦东部以及双桥北部地区危险性较低;承德县南部、平泉南部、兴隆东部和宽城地区危险性低。

8. 干旱

承德市年区域性干旱日数年际变化呈略微下降趋势,年干旱日数最大值为 252 d(2006 年)。1980 年、1989 年、1997 年、2006 年、2014 年区域干旱过程最为频繁,共出现 4 次。多年平均干旱日数呈由北向南递增的分布特征。综合考虑不同年遇型的年干旱过程总累积强度,对干旱危险性进行评估,丰宁大部、围场中部、滦平大部、双滦、双桥和营子区以及兴隆大部干旱危险性等级为较高或高等级;隆化中部、丰宁北部、平泉市和承德县东部以及宽城北部等地区为低等级;其他地区干旱危险性等级为较低等级。

9. 雷电

1978—2013 年,承德市年平均雷暴日数为 38.9 d。承德市雷电主要集中于夏季 6—8 月,7 月出现的雷电地闪频数最多,初雷日一般出现在 4 月,终雷日期一般出现在 9 月。选取雷击点密度、地闪强度、土壤电导率、地形起伏和海拔高度作为雷电致灾因子,对雷电致灾危险性进行评估,结果显示,围场北部、丰宁北部、隆化大部、承德县大部、平泉小部、双桥和双滦部分地区等为雷电致灾危险性高等级和较高等级区;其他地区为较低等级区。

综合上述分析可知:(1)暴雨致灾危险性较高等级及以上主要位于营子区、兴隆县大部和宽城县西部以及承德县南部;(2)冰雹致灾危险性较高等级及以上区域主要位于丰宁大部和围场北部;(3)大风致灾危险性高等级区域主要位于丰宁大部;(4)低温致灾危险性高等级区域主要位于丰宁和围场坝上以及隆化西北部;(5)高温致灾危险性高等级区域主要位于双滦区、双桥区、承德县大部、平泉西部和兴隆东部;(6)台风致灾危险性高等级区域主要位于宽城、兴隆、营子区和平泉东部;(7)雪灾致灾危险性高等级区域主要位于滦平大部、兴隆西北部和丰宁北部;(8)干旱致灾危险性较高及以上等级区域主要位于丰宁大部、围场中部、滦平大部、双滦区、双桥区和营子区以及兴隆大部;(9)雷电致灾危险性较高及以上等级区域主要位于围场北部、丰宁北部、隆化大部、承德县大部、平泉小部、双桥和双滦部分地区。

12.2　评估中存在的问题

由于灾情资料的缺乏,致使目前致灾危险性的评估和等级划分还存在一定的问题:

（1）致灾因子：目前，各个灾种致灾因子的选取主要依据灾情解析来确定，主要依据的是专家经验，缺乏客观性。

（2）致灾危险性等级的划分：目前，各个灾种利用百分位法、自然断点法、标准差法等纯数学方法进行等级划分，并没有利用灾情进行判断。

（3）权重设定：目前，各致灾因子的权重设定大多采用熵权法等数学方法，或者采用专家打分法等非客观方法，缺少灾情的验证。

参考文献

重庆市气象局,2015. 气象灾害风险评估技术规范 第3部分:高温:DB50/T 583.3—2015. 重庆:重庆市质量技术监督局.

全国气候与气候变化标准化技术委员会,2011. 冰雹等级:GB/T 27957—2011[S]. 北京:中国标准出版社.

全国气候与气候变化标准化技术委员会,2012a. 风力等级:GB/T 28591—2012[S]. 北京:中国标准出版社.

全国气候与气候变化标准化技术委员会,2012b. 台风灾害影响评估技术规范:QX/T 170—2012[S]. 北京:气象出版社.

全国气候与气候变化标准化技术委员会,2017a. 寒潮等级:GB/T 21987—2017[S]. 北京:中国标准出版社.

全国气候与气候变化标准化技术委员会,2017b. 雷电灾害风险区划技术指南:QX/T 405—2017[S]. 北京:气象出版社.

全国气候与气候变化标准化技术委员会,2017c. 冷空气过程监测指标:QX/T 393—2017[S]. 北京:气象出版社.

全国气候与气候变化标准化技术委员会,2017d. 气象干旱等级:GB/T 20481—2017[S]. 北京:中国标准出版社.

全国气候与气候变化标准化技术委员会,2019. 气象灾害风险评估技术规范—冰雹:QX/T 511—2019[S]. 北京:气象出版社.

王达文,2001. 北上热带气旋分析与预报[M]. 北京:气象出版社.

浙江省气象局,2017. 暴雨过程危险性等级评估技术规范:DB33/T 2025—2017[S]. 杭州:浙江省质量技术监督局.

中国气象局政策法规司,2006. 热带气旋等级:GB/T 19201—2006[S]. 北京:中国标准出版社.

中国气象局政策法规司,2007. 小麦干旱灾害等级:QX/T 81—2007[S]. 北京:气象出版社.